Inhalt

Zwerghühner erleben

Erfahren Sie, wie Sie Ihre Zwerghühner optimal unterbringen, ihr Verhalten verstehen und was die Hühnchen Ihnen dafür geben.

Liebevoll umsorgt

In diesem Kapitel finden Sie alles über die richtige Versorgung und Gesunderhaltung der Hühnchen und ihrer Nachzucht.

Nutz- und Heimtier zugleich

Stellen Sie sich vor, Ihr Frühstückstisch wird zum ersten Mal mit Eiern bereichert, die aus den Nestern Ihrer eigenen Zwerghühner stammen! Sie wissen genau, wo die Eier herkommen und dass Ihre Hühner bestes Futter, Licht, Luft und Sonne genießen können. Sie können also nicht nur Ihre Freude an den schönen Tieren haben, Zwerghühner sind im Gegensatz zu vielen anderen Heimtieren auch sehr nützlich.

Dazu sind Zwerghühner ausgesprochen anhängliche Heimtiere, die bei artgerechter Pflege und intensiver Beschäftigung eine sehr enge Bindung zu ihren Menschen suchen. Wie bei kaum einem anderen Heimtier geben Zwerghühnern ihren Menschen nämlich die Möglichkeit, an ihrem interessanten Familienleben teilzuhaben. Eine Familie, in der der Hahn als Beschützer ständig darum bemüht ist, seinen Hühnerharem zusammenzuhalten und die Hennen ihre Küken auf das Leben vorbereiten.

Lassen Sie sich auf das Abenteuer Zwerghühner mit seiner beinahe unbegrenzten Rassen- und Farbenvielfalt ein, dann werden Sie ständig von Neuem fasziniert und immer wieder in Staunen versetzt sein.

Gestatten Zwerghuhn

Herkunft der Zwerghühner

Zwerghühner gehören weltweit zu den beliebtesten Heimtieren und haben ihren groß gewachsenen Verwandten schon lang den Rang abgelaufen. Die Gründe dafür liegen sicherlich in geringeren Platzansprüchen, ihrem handlicheren Format, koketten Wesen und bei einigen Rassen im kaum geringeren Eiersegen, als bei den großen Hühnern.

Bereits vor mehr als 4800 Jahren werden in chinesischen Schriften Haushühner beschrieben, sodass man annehmen kann, dass ihre Domestikation schon sehr früh stattgefunden hat. Heute kennt man eine fast unüberschaubare Vielfalt an Hühnerrassen, was ihre Größen, Formen und auch die Farben und Federzeichnungen anbelangt.

Ursprung

Kaum eine andere Geflügelart erhielt durch die Haustierwerdung eine solch herausragende Stellung wie das Huhn. Heute gilt die Abstammung des Huhnes vom Roten Kammhuhn (*Gallus gallus*), dem Bankivahuhn, eigentlich als eindeutig belegt. Dabei ist es zweitrangig, von welcher der fünf Unterarten des Bankivahuhnes unsere heutigen Hühner und damit auch Zwerghuhnrassen abstammen. Da das wilde Bankivahuhn in Südostasien lebt, ist anzunehmen, dass die ersten Haushühner auch dort gehalten wurden. Die ersten schriftlichen Erwähnungen von Zwerghühnern stammen von griechischen und römischen Schriftstellern und sind mehr als 2000 Jahre alt. Erste Abbildungen von Zwerghühnern hingegen dürften allenfalls einige hundert Jahre alt sein.
Während die Verzwergung großer Hühnerrassen

Holländische Zwerghühner sehen Bankivahühnern recht ähnlich.

zumeist Ende des 19., Anfang des 20. Jahrhunderts vor allem in Deutschland und Großbritannien stattfand, kennt man auch viel ältere, heute noch bekannte Zwerghuhnrassen wie Chabo aus Japan und Zwerg-Cochin, die lediglich in den kaiserlichen Gärten Chinas gehalten werden durften.

Die Haltung und Zucht von Zwerghühnern wurde erst mit der Gründung von sogenannten Geflügelzuchtvereinen Ende des 19. Jahrhunderts auf eine breite gesellschaftliche Basis gestellt. Dabei war die Freude an Formen und Farben der zunächst entscheidende Grund für ihre Haltung, der Eiersegen sozusagen eine willkommene Dreingabe.

Zwerg-Seidenhühner *bestechen durch ihr besonderes Gefieder.*

SMART

Dschungelbewohner

- **Die Vorfahren** unserer Zwerghühner sind Vögel des Dschungels.
- **Aus diesem Grund** sollten wir ihnen einen möglichst vielfältig strukturierten Auslauf zur Verfügung stellen. Dazu eignen sich verschiedene Sträucher und Holzgestelle.

So leben Wildhühner

Die wilden Bankivahühner leben in Familienverbänden im dicht bewachsenen Dschungel zusammen, mit streng geregelter Hierarchie. Meist führt ein Hahn die Familie und bewacht sie sehr feinsinnig. Versucht ein fremder Hahn in die Familie einzudringen oder einen höheren Rangplatz einzunehmen, bekommt er es mit zielgerichteten Aktionen der Sporen, Krallen und dem Schnabel des Platzherrn zu tun. Bei Bankivahühnern dient die Eiablage zu allererst der Arterhaltung. Jede Henne bebrütet ihr Gelege aus acht bis zwölf Eiern selbst und zieht die Küken auch selbstständig, aber im großen Hühnerfamilienverband auf.

Faszinierende Fähigkeiten

Wie die wilden Bankivahühner, die bestens an ihr Leben im Dschungel angepasst sind, besitzen unsere Zwerghühner noch die gleichen Fähigkeiten, wenn auch etwas weniger stark ausgeprägt.

Sinnesleistungen

Will man einen verhaltensgerechten Umgang mit seinen Zwerghühnern pflegen, sollte man wissen, wie die Hühner mit ihren Sinnen die Welt wahrnehmen und sich darin zurechtfinden.

- **Sehvermögen:** Wie alle Geflügelarten verfügen auch Zwerghühner über ein enormes Gesichtsfeld und damit einen sehr großen Sehwinkel. Dennoch fehlt ihnen eine besondere Tiefenwahrnehmung. Deshalb müssen sie, wollen sie etwas genau fixieren, den Kopf ständig wenden. Angeboren ist ihnen dagegen die Fähigkeit, kleine bewegliche Objekte wie Würmer und Käfer zielsicher anzupeilen.
- **Gehör:** Obwohl den Zwerghühnern, wie allen Vögeln, das äußere Ohr fehlt, ist ihr Hörsinn dennoch sehr gut ausgeprägt. Als in der Gesellschaft mit anderen Hühnern lebendes Tier, können Zwerghühner selbst leiseste Töne wahrnehmen und einem entsprechenden Artgenossen im Familienverband zuordnen. Am deutlichsten wird dies, wenn Glucken ihre eigenen Küken unter einer Vielzahl anderer erkennen und „ansprechen" können.
- **Tastsinn:** Im Schnabel-, Zungen- und Rachenbereich besitzen Zwerghühner zahlreiche Tastkörperchen, die die Einschätzung der Futterbeschaffenheit zusätzlich zur optischen unterstützen. Dabei kann das Huhn die Größe, Form, Oberflächenbeschaffenheit und andere Eigenschaften des Objekts einschätzen.
- **Geschmack:** Obwohl Zwerghühner über einen

Wie ihre Vorfahren fühlen sich Zwerghühner auch heute in dichter Bepflanzung sehr wohl.

Geschmacksinn verfügen, haben Studien mit Legehühnern eindeutig bewiesen, dass Form und Größe der Futtermittel viel wichtigere Kriterien darstellen, als der Geschmack, wenn es darum geht, ob sie fressbar sind.

▸ **Geruchssinn:** Er ist bei den Zwerghühnern nicht besonders ausgeprägt, weil er im Dschungel für sie bei der Futtersuche nicht lebensnotwendig war. Dennoch erkennen sie sich gegenseitig am Familiengeruch.

Anatomisches

Auch wenn die Zwerghuhnrassen in ihrer großen Zahl untereinander sehr verschieden sind, besitzen doch alle einige Gemeinsamkeiten.

▸ **Brutdauer:** Brütende Zwerghuhnrassen sitzen bis zum Schlupf der Küken 21 Tage auf den Eiern, wobei man von der Ablage des letzten Eies an rechnen muss. Bebrütet man die Eier in einem Brutapparat, so können die Küken zum Teil schon einen Tag eher schlüpfen.

▸ **Anzahl der Jungtiere:** Bei der Naturbrut kann man einer Henne so viele Eier unterlegen, wie sie imstande ist, abzudecken, je nach Rasse von vier bis zu zwölf Eiern.

Zwerghühner verfügen über ein sehr großes Gesichtsfeld.

Nur noch selten gibt es Rassen, die nur genauso viele Eier legen, wie sie bebrüten können. Ein wichtiges Zuchtziel war nämlich das Eierlegen und das nicht selbst Brüten, denn so hatte man das ganze Jahr über Eier zur Verfügung.

▸ **Jungtiere bei der Geburt:** Die Küken sind klassische Nestflüchter, das heißt, sie folgen nach der Geburt ihren Müttern gleich nach Abtrocknen des Daunenkleides.

▸ **Körpermasse:** Zwerghuhnrassen untereinander variieren vom Gewicht her zum Teil sehr stark. So gibt es Rassen, die etwa 500 bis 600 Gramm andere hingegen bis zu 1,8 kg wiegen.

▸ **Körperbau:** Während einige ausgesprochen stämmig und gedrungen wirken, erscheinen andere Zwerghuhnrassen ungemein schlank. Doch allen gemeinsam ist die starke Ausprägung des Brustmuskels. ●

Typisch Zwerghuhn

„Des eine Uhl, des anderen sin Nachtigall." Jede einzelne der Zwerghuhnrassen besitzt Eigenheiten, die nur sie auszeichnen und die Ihnen bei der Entscheidung für eine Rasse helfen können.

So sind Zwerghühner

Als Vögel mit großem Familiensinn ist für Zwerghühner die Verständigung über Lautäußerungen sehr wichtig. Dabei verfügen sie über ein erstaunlich breites Repertoire an Tonlagen und Lautstärken. So unterscheidet sich das typische, teils hysterische Gackern bei Aufregung ganz erheblich vom zarten, singenden Ton vor dem Legen. Einem Zwiegespräch gleichen die leisen Töne zwischen Glucke und dem noch im Ei befindlichen Küken kurz vor dem Schlupf. Dazu kommt das charakteristische Krähen des Hahns, das vor allem am frühen Morgen zu hören ist.

Obwohl durch die Laute sehr vieles innerhalb der Zwerghuhnfamilie geregelt wird, darf man nicht übersehen, dass die strenge Hierarchie auch durch recht harte Kämpfe zwischen meist gleichgeschlechtlichen Partnern ausgetragen wird. Aus diesem Grund sollte man immer vorsichtig sein, wenn neue Tiere hinzukommen sollen. Diese stören zunächst die bestehende Rangordnung und dies kann heftige Auseinandersetzungen zur Folge haben.

Als Bodenbewohner haben Zwerghühner das Bedürfnis, nach Wurzeln, Kerbtieren, Würmern und anderem zu scharren. Dies kann dem Bodenbewuchs unter Umständen ganz erheblich schaden. Schon deshalb muss die Größe der Zwerghuhnfamilie dem zur Verfügung stehenden Platz angepasst sein oder umgekehrt.

Die Familie ist alles

Neue Tiere sollte man am besten abends dazusetzen, damit die Gewöhnung reibungsloser abläuft.

Besprüht man alle Tiere mit einem Duftwasser, laufen die Rangordnungskämpfe zumeist etwas harmloser ab.

Ideal ist es, wenn der Mensch am nächsten Morgen dabei ist, wenn die neue Rangordnung in der Zwerghuhnfamilie festgelegt wird.

Groß und klein und vielfarbig

Man kennt heute eine ungeheure Anzahl an Zwerghuhnrassen, die sich in Größe, Form, Beschaffenheit der Federn, Farbe und Federzeichnung unterscheiden.

Sie werden von den Zuchtverbänden in folgende Gruppen eingeteilt.

Eigentliche Zwerghühner: das sind Zwerghuhnrassen, die nur als Zwerghühner gezüchtet werden, und verzwergte Großrassen: Zwerghuhnrassen, die eine Miniaturausgabe der Großrasse darstellen.

Zu den eigentlichen Zwerghühnern gehören die wirk-

Der Hahn *ist Wächter und Beschützer seines Zwerghuhnharems und immer auf der Hut.*

lich kleinen unter den Zwerghühnern wie Sebright, Bantam, Zwerg-Cochin, Chabo, Antwerpener Bartzwerge, Federfüßige Zwerghühner usw. Sie stellen eine wirkliche Zierde für jeden Hühnerhof dar und begeistern durch ihr keckes Wesen. Obwohl auch sie für ihre Verhältnisse recht viele Eier legen, stand bei ihnen der Nutzgedanke nie im Vordergrund.
Bei den verzwergten Rassen wie Zwerg-Barnevelder, Zwerg-Wyandotten, Zwerg-Plymouth Rocks, Zwerg-New Hampshire, Zwerg-Amrocks, Zwerg-Sundheimer usw. können zum Teil ganz erhebliche Eierleistungen erwartet werden. Sie brauchen sich dabei vor mancher Großrasse nicht zu verstecken. Aber auch bei ihnen gibt es Rassen, bei denen Schönheit und Zierde im Vordergrund stehen und die in ihrer Eierleistung eher zu den eigentlichen Zwerghühnern gehören. Dazu zählen beispielsweise die Zwerg-Yokohama, Ostfriesischen Zwerg-Möwen und Zwerg-Hamburger. Während einige Rassen nur in ein oder zwei Farbenschlägen bekannt sind, gibt es andere, die in fast 30 verschiedenen Farben und Zeichnungen vorkommen. In den letzten Jahren sind viele Farbenschläge neu hinzugekommen oder züchterisch auf weitere Rassen übertragen worden.

SMART

Wie vom Frisör

› **Sogenannte Zwerg-Haubenhühner,** die es in mehreren Rassen gibt, sehen aus wie kleine Punks und sind deshalb bei Hobbyhaltern sehr beliebt. Man sollte aber bedenken, dass eine solche Federhaube mehr und regelmäßige Pflege voraussetzt, um schön zu bleiben und das Huhn nicht zu stören.

Antwerpener Bartzwerge

▸ Typisch: Mit einem Gewicht von 600 bis 700 g gehören Antwerpener Bartzwerge zu den ganz Kleinen unter den Zwerghuhnrassen. Typisch für sie ist der kurze Körper mit vorgedrückter Brust, die gesenkten Flügel und der volle Gesichtsbart.
▸ Besonderheiten: Antwerpener Bartzwerge können recht gut fliegen, sodass die Umzäunung hoch sein muss. Aufgrund des Federbartes sollte man der Rasse kein Weichfutter anbieten, da die Federn sonst verkleben können.

Chabo

▸ Typisch: Chabo sind kleine Zwerghühner, die sich durch die steil aufgerichtete Schwanzpartie, kurze Beine und den großen Kamm, vor allem beim Hahn, auszeichnen. Sie werden in ihrer Heimat Japan als besonders schützenswertes Kulturgut angesehen.
▸ Besonderheiten: Durch die kurzen Beine und das sehr ruhige Wesen scharren Chabo so gut wie nicht. Selbst niedrigste Einzäunungen respektieren sie. Chabo neigen sehr gerne zur Naturbrut und sind fürsorgliche Mütter.

Sebright

▸ Typisch: Sehr klein und zierlich wirken die Sebright mit ihrer attraktiven Federsäumung. Bei dieser Rasse zeigt auch der Hahn keinerlei Schmuckgefieder. Er ist also hennenfiedrig, wie die Züchter sagen.
▸ Besonderheiten: Als sehr agiles, temperamentvolles Hühnchen zeigen Sebright eine richtige Fluglust. Eine hohe Umzäunung, noch besser eine Voliere sind deshalb dringend zu empfehlen.

Zwerg-Seidenhühner

▸ Typisch: Man könnte meinen, Zwerg-Seidenhühner hätten ein Fell anstatt Federn. Genauere Betrachtung zeigt, dass die Federn lediglich zerschlissen sind. Diese Federstruktur erwähnt schon Marco Polo in seinen Reiseberichten nach China.
▸ Besonderheiten: Im Gegensatz zu den anderen Zwerghuhnrassen haben Zwerg-Seidenhühner eine dunkle Haut. Sie sind sehr robust und zeigen große Brutlust. Sie werden auch gerne zum Ausbrüten von Fasaneneiern verwendet.

Zwerg-Cochin

▸ Typisch: Wenn man bei der Rasse von Federbällen spricht, dann kann man dies durchaus nachvollziehen. Denn Zwerg-Cochin sollen von allen Seiten betrachtet rund erscheinen. Sie besitzen ein sehr weiches Gefieder und kleine Federlatschen an den Beinen.

▸ Besonderheiten: Zwerg-Cochin fliegen nicht, sind sehr ruhig und brüten fleißig. Deshalb sollte man von ihnen nicht allzu viele Eier erwarten. Sie werden in vielen Farben gezüchtet.

Federfüßige Zwerghühner

▸ Typisch: Als Mille Fleurs – tausend Blumen – wurde die Rasse früher beschrieben. Sie zeigen ein lebhaftes Wesen ohne dabei scheu zu sein. Neben einfarbigen Tieren kennt man auch mehrere Farbenschläge mit charakteristischer kleiner Tupfenzeichnung.

▸ Besonderheiten: Durch die Federlatschen brauchen die Tierchen etwas mehr Stallfläche als glattfüßige Zwerghühner. Kurzgeschnittener Rasen oder überdachte Sandausläufe kommen ihnen entgegen.

Altenglische Zwerg-Kämpfer

▸ Typisch: Mit ihrem stolzen, aber leicht trippelnden Gang kann man sich kaum vorstellen, welche Energiebündel diese Hühnchen sind. Sie kennt man in vielen Farben. Viele Eier sollte man sich von ihnen nicht erwarten.

▸ Besonderheiten: Diese Rasse zeigt ein sehr intensives Familienleben und eine große Vertrautheit ihrem Menschen gegenüber. Auch wenn man vom Namen her ein aggressives Hühnchen erwartet, so wird man hier glücklicherweise enttäuscht werden.

Zwerg-Hamburger

▸ Typisch: Durch die reiche Befiederung und die langen Beine haben Zwerg-Hamburger etwas fasanenartiges, elegantes an sich. Die Farben zeichnen sich durch sehr viel Glanz aus.

▸ Besonderheiten: Diese Zwerghuhnrasse kann gut fliegen. Bei ruhiger Behandlung werden sie jedoch schnell zutraulich. Der Farbenschlag silberlack, mit schwarzen Tupfen auf weißem Grund erinnert an die Fellzeichnung von Dalmatinerhunden.

Zwerg-Italiener

▸ Typisch: Diese Hühner verkörpern in ihrem Aussehen schlichtweg Hahn und Henne wie man sie aus Kinderbüchern her kennt – und dies vor allem im rebhuhnfarbigen Kleid.
▸ Besonderheiten: Zwerg-Italiener legen ganz gut und brüten deshalb kaum. Sie können recht gut fliegen, werden aber schnell zutraulich. Bei allzu kalter Witterung muss man aufpassen, dass ihr Kamm keine Erfrierungen bekommt.

Zwerg-Barnevelder

▸ Typisch: Neben den Tieren mit Doppelsaumzeichnung gibt es auch einfarbige Zwerg-Barnevelder. Sie konnten sich einen großen Liebhaberkreis erobern.
▸ Besonderheiten: Zwerg-Barnevelder werden schnell richtig zahm und sind fleißige Leger mit recht großen Eiern. Außerdem sind sie sehr widerstandsfähig gegen Kälte.

Zwerg-Welsumer

▸ Typisch: Vielleicht wirken Zwerg-Welsumer zunächst etwas schlicht, denn sie zeigen ein größtenteils braunes Gefieder im Farbenschlag rost-rebhuhnfarbig.
▸ Besonderheiten: Die Rasse zeichnet sich durch eine sehr rege Legetätigkeit aus. Dazu sind die Eier sehr groß und von schöner, brauner Farbe. Kombiniert mit einem ruhigen Wesen haben sie eine riesige Verbreitung gefunden.

Zwerg-Wyandotten

▸ Typisch: Zwerg-Wyandotten sind recht robuste Zwerghühner und nicht kälteempfindlich. Sie werden in sehr vielen Farben und Zeichnungen gezüchtet.
▸ Besonderheiten: Mit ihrem ruhigen Wesen überfliegen sie selbst niedrige Umzäunungen kaum einmal. Die Legeleistung kann von Farbe zu Farbe recht unterschiedlich sein, sodass man hier genaue Erkundigungen anstellen sollte.

Deutsche Zwerg-Lachshühner

▸ Typisch: Neben der unterschiedlichen Färbung von Hahn und Henne müssen Deutsche Zwerg-Lachshühner einen Federbart, Federfüße und fünf Zehen aufweisen.
▸ Besonderheiten: Die Rasse gehört zu den ruhigsten unter den Zwerghühnern und zeigt kaum Fluglust. Sie legt recht viele Eier und schreitet hin und wieder zur Brut. Weichfutter sollte man ihnen nicht geben, denn es verklebt den Federbart.

Zwerg-Brahma

▸ Typisch: Die Rasse ist der Riese unter den Zwerghühnern, denn die Tiere wirken ungemein kräftig und hoch, verglichen mit den anderen Zwerghuhnrassen.
▸ Besonderheiten: Zwerg-Brahma zeigen Federlatschen, sind unempfindlich gegen Witterungseinflüsse und haben ein sehr ruhiges Wesen. Demnach überfliegen sie auch niedrige Umzäunungen kaum einmal. Die Legeleistung ist nicht allzu hoch.

Holländer Zwerg-Haubenhühner

▸ Typisch: Holländer Zwerg-Haubenhühner werden mit weißer oder schwarzer Federhaube gezüchtet. Je nachdem spricht man deshalb von Weiß- oder Schwarzhauben.
▸ Besonderheiten: Die Federhaube erfordert einen erheblichen Aufwand an Pflege. Ist man gewillt, diesen zu leisten, erfreut einen die Rasse mit ihrem ruhigen Wesen und dem attraktiven Aussehen.

Zwerg-Araucana

▸ Typisch: Das Fehlen des Schwanzes ist das auffallendste Merkmal dieser zierlichen Zwerg-Araucana-Hühner. Von Vorteil ist, dass sie auch ein sehr zutrauliches Wesen besitzen.
▸ Besonderheiten: Die Rasse ist recht robust und agil. Durch das Legen von „grünen“ (türkisfarbigen) Eiern hat sie eine Sonderstellung unter den Zwerghühnern. Die Eier schmecken nicht anders als weiße oder braune.

Partnerwahl

Zwerghühner sind sehr gesellige Tiere, sodass sich eine Einzelhaltung ausschließt. Die Wahl der zum jeweiligen Menschen passenden Rasse ist ganz entscheidend für ein harmonisches Miteinander.

Eine regelrechte Familie

Seiner sozialen Lebensform in Familienverbänden sollten wir auch beim Heimtier Zwerghuhn Rechnung tragen. Je nach Platzangebot besteht eine solche Zwerghuhnfamilie, in der Fachsprache „Stamm“ genannt, in der Regel aus einem Hahn und zwei bis sechs Hennen. Dabei kann die Anzahl der Hennen je nach Rasse variieren. Grundsätzlich gilt die Faustregel, dass man Hähnen gewichtsmäßig leichter Rassen mehr Hennen beigeben kann als Hähnen schwereren Rassen. Diese Überlegungen sind jedoch nur dann von Bedeutung, wenn Sie eigene Küken aufziehen wollen. Dann nämlich ist es unabdingbar, dass der Hahn sämtliche, ihm beigegebene Hennen begattet.

Zwerghuhnidyll pur – Hahn mit Glucken und frisch geschlüpften Küken in trauter Verbundenheit.

Eine bunte Gesellschaft

Bei den meisten Haltern von Zwerghühnern wird man Vertreter einer Rasse und eines Farbenschlages finden. Damit kann rassereine Nachkommenschaft erzüchtet werden, die die typischen Eigenschaften der entsprechenden Zwerghuhnrasse aufweist. Wollen Sie keine Nachzucht von Ihren Zwerghühnern, kann Ihnen eine bunte Vergesellschaftung verschiedener Rassen auch optisch viel Freude bringen. Um größere Rangeleien zwischen den einzelnen Zwerghühnern zu vermeiden, sollte man solche Rassen für eine Gemeinschaftshaltung wählen, die in Größe und rassespezifischen Anforderungen in etwa gleiche Anforderungen stellen. So können beispielsweise Antwerpener Bartzwerge mit Sebrights sehr gut zusammen harmonieren, während die wesentlich größeren Zwerg-Welsumer das Sozialgefüge stören würden und somit in dieser Konstellation ausscheiden.

Zwerghühner und Kinder

Auch wenn Zwerghühner nicht gerade die klassischen Kindertiere wie etwa Zwergkaninchen sind, so haben doch eine große Anzahl an Kindern eine sehr enge Bindung zu ihren Hühnchen. Vor allem die ruhigen Rassen wie Zwerg-Cochin und Chabo kommen dabei in Betracht, denn sie lassen sich regelrecht streicheln und warten geduldig auf den täglichen Besuch ihrer Menschenkinder. Selbst wenn Kinder allein zu ihren Zwerghühnern gehen, muss man keine Angst vor Verletzungen oder Ähnlichem haben, denn durch die Form und Größe des Schnabels und die fehlende Tendenz, damit zu hacken, sind solche eigentlich ausgeschlossen. Sofern Eltern die Pflege überwachen, können Kinder ab dem zehnten Lebensjahr selbstverantwortlich ein Stämmchen Zwerghühner betreuen und versorgen. Dabei kommt ihnen entgegen, dass die Hühner durch ihren Familienverband wesentlich eigenständiger sind als viele andere Heimtiere. So sind sie nicht auf die mehrmals tägliche Ansprache ihrer Betreuungsperson angewiesen, damit eine artgerechte Haltung gewährleistet ist.

Auch Zwerghühner können recht zutraulich werden.

SMART

Kikeriki

› **Obwohl der Hahn** eine wichtige soziale Funktion in der Hühnerfamilie inne hat, können auch Hennen ohne Hahn gehalten werden. Dies wäre vor allem dann der Fall, wenn der Hahnenschrei zu voraussehbarem Ärger mit der Nachbarschaft führen würde.

Zwerghühner kaufen

Trotz relativer Anspruchslosigkeit sollte man sich den Kauf eines Stämmchens Zwerghühner gut überlegen, denn man geht damit eine Verpflichtung für mehrere Jahre ein.

Da man Zwerghühner kaum über den Zoofachhandel und Tierheime beziehen kann, wenden Sie sich als Interessent am besten an einen örtlichen Kleintierzuchtverein. Dort erhalten Sie weitere nützliche Adressen. Am sinnvollsten ist es dabei, den Kontakt zu einem sogenannten Sonderverein herzustellen, denn dort sind nur Züchter einer Rasse oder eines Farbenschlages des gesamten Bundesgebietes organisiert.
Empfehlenswert ist der Besuch einer Geflügelausstellung. Hierbei kann man sich seine Wunschrasse meist in natura ansehen, erhält Kontakt zu entsprechenden Züchtern und eine Menge anderer Informationen.

Gesunde, lebhafte Alttiere in bester Kondition sind die Voraussetzung für gesunden Nachwuchs.

1 Alter

Die meisten Zwerghühner wechseln im Alter von etwa sechs bis sieben Monaten den Besitzer. Sie sind dann ausgewachsen und die meisten Rassen beginnen, Eier zu legen. Es kann sinnvoll sein, die Jungtiere schon im Alter von etwa zehn Wochen zu sich zu nehmen. Viele Züchter können dann Tiere, die nicht ganz den Ausstellungsstandard erfüllen, was für Hobbyhalter unbedeutend ist, günstig abgeben.

2 Gesund

Grundsätzlich müssen alle Tiere eines Züchters einen lebhaften und aufgeweckten Eindruck machen. Sitzen die Hühner teilnahmslos, mit eingezogenem Kopf und struppigem Gefieder herum, sollte man bei diesem Züchter keine Zwerghühner kaufen. Die Augen dürfen nicht geschwollen sein und keinen Ausfluss zeigen. Nicht erschrecken sollten Sie darüber, dass viele Rassen im Jugendgefieder farblich völlig anders aussehen, als im ausgewachsenen Zustand mit sechs bis sieben Monaten. Auch ist das Gefieder gerne etwas rau und keinesfalls ein Hinweis auf eine Krankheit, solange es nicht ausgewachsen ist.

3 Rasseeigenheiten

Durch die Vielfalt der Zwerghuhnrassen sollten Sie sich vor der Anschaffung unbedingt über die Eigenheiten und spezifischen Haltungsanforderungen Ihrer Wunschrasse informieren. Am sinnvollsten ist es deshalb, sich vor dem eigentlichen Kauf mit einem Züchter zu unterhalten. Dort erhalten Sie mit Sicherheit viele wertvolle Tipps, die Ihnen das artgerechte Halten einer bestimmten Rasse wesentlich erleichtern.

Zwerg-hühner erleben

Lebensraum fürs Federvieh

Damit Zwerghühner sich wohlfühlen, sollten ihre Menschen ihnen einiges bieten. Nur dann entwickeln sie ihre ganzen Vorzüge – die Zutraulichkeit, das schöne Gefieder und nicht zuletzt die rassetypische Eierleistung, die sie bei Jung und Alt so beliebt machen.

Die Zeiten, in denen man Zwerghühner einfach im Hinterhof zwischen allerlei Gerümpel hielt, sind vorbei. Zwerghühner sind Heimtiere geworden. Sie stellen individuelle Ansprüche an einen abwechslungsreich strukturierten Lebensraum und tragen so auch ihren Teil zur Freizeitgestaltung ihrer Halter bei.

Licht, Luft und Sonne

Unter diesen drei Schlagwörtern kann man die Anforderungen von Zwerghühnern an ihren Lebensraum zusammenfassen. Sowohl der Stall als auch der Auslauf sollten hell sein und den Tieren immer genügend Frischluft bieten. Zwerghühner benötigen für ihr Wohlbefinden sehr viel Sauerstoff. Deshalb muss auf eine gute Lüftung beim Stallbau besonders geachtet werden. Ergänzend dazu ist es von Vorteil, wenn die Hühnchen direkte Sonnenstrahlen abbekommen, weil sie die Vitalität und Gesundheit äußerst positiv beeinflussen.

Der sichere Stall wird aufmerksam verlassen.

Haltungsformen

Obwohl in der wirtschaftlichen Hühnerhaltung die reine Stallhaltung die Regel ist, widerspricht sie dem eigentlichen Bedürfnis der Zwerghühner. Für den Hobbyhalter kommt diese reine Stallhaltung auf jeden Fall nicht in Frage. Um den Zwerghühnern einen möglichst artgerechten Lebensraum zu bieten, ist die Kombination von Stall- und Auslaufhaltung ideal. Dabei kann grundsätzlich gelten, je größer Stall und Auslauf, desto besser ist dies für das Wohlbefinden Ihrer Zwerg-

hühner. Da kaum jemand seinen Zwerghühnern unbegrenzten Auslauf bieten kann, muss man die Anzahl der Tiere an den vorhandenen Raum anpassen.
Für sehr flugfreudige Rassen sowie im Hinblick auf zeitweilige Stallhaltungspflicht aus tierseuchenrechtlichen Gründen kann es sinnvoll sein, direkt vor dem Stall überdachte Kaltscharrräume einzurichten. Diese bieten die Gewähr, dass die Zwerghühner selbst bei lang andauernden Schlechtwetterlagen genügend Frischluft bekommen und selbst bei Stallhaltungspflicht „ins Freie“ gehen können.

Platz ist in der kleinsten Hütte – wenn sie die Anforderungen erfüllt.

SMART

Zwischen Stall und Auslauf

- **Um sich wohl** zu fühlen, müssen Zwerghühner zwischen Stall und Auslauf frei wählen können.
- **Staunässe und direkte Sonneneinstrahlung** stören das Wohlbefinden der Zwerghühner sehr stark.
- **Überdachte Kaltscharrräume** bieten die Gewähr für „Freilauf“ auch bei gesetzlicher Stallhaltungspflicht.

Standort

Der Platz für Stall und Auslauf muss wohlüberlegt sein. Fensteröffnungen sollten nach Südosten gerichtet sein, denn die ersten Strahlen der Morgensonne fördern die Vitalität der Tiere. Obwohl Zwerghühner die Sonne regelrecht lieben, sollten Stall und Auslauf so gestaltet sein, dass sie direkter, starker Sonneneinstrahlung nicht dauerhaft ausgesetzt sind, weil Hühner nicht schwitzen und sich dadurch abkühlen können. Keinesfalls dürfen Auslauf und Stall aber auch so schattig stehen, dass sich Staunässe bilden kann. Auch dies ist für Zwerghühner nicht gesund. Sie sollten durch geeignete Maßnahmen wie die Pflanzung Schatten spendender Bäume und eine eventuelle Entwässerung des Auslaufes mit Drainageschläuchen dafür sorgen, dass die Lebensbedingungen für Ihre Zwerghühner so optimal wie nur möglich gestaltet sind.

Zubehör

Neben der Stalleinrichtung und der Auslaufgestaltung sollten Sie sich als Hobbyhalter um Futtertröge, Tränken, Tränkenwärmer und sonstiges Zubehör bemühen, damit Sie Ihren Zwerghühnern ideale Lebensbedingungen zu allen Jahreszeiten bieten können.

Bei offenen Trögen wird Futter herausgeschleudert und verdirbt.

Futtertröge

Der Fachhandel bietet eine Vielzahl geeigneter Futtertröge aus verschiedenen Materialien (Zinkblech, Kunststoff) für Zwerghühner an. Achten Sie beim Kauf darauf, dass sie sich leicht reinigen lassen und die Zwerghühner das Futter darin nicht verschmutzen können. Aus diesem Grund müssen die Tröge in Eigenregie meistens etwas abgeändert werden. Es hat sich beispielsweise bewährt, seitlich Füße anzubringen, damit die Tiere keine Einstreu in die Futterrinne scharren können. Die Größe des Futtergeschirrs richtet sich nach der Anzahl der Zwerghühner. Er muss so bemessen sein, dass allen Tiere gleichzeitig das Fressen am Trog ermöglicht wird.
Weichfutter, das nur kurzzeitig angeboten wird, muss auf jeden Fall in einem extra Behältnis gereicht werden. Da Weichfutter einen viel höheren Feuchtigkeitsgehalt als Körner- oder Mehlfutter hat, ist die schnelle Reinigung dieses Behältnisses besonders wichtig.

Tränken

Zwerghühner stellen an die Wasserqualität und vor allem die Wassertemperatur sehr große Ansprüche. Da verschmutztes Wasser von den Hühnchen nur ungern angenommen wird, hat sich die Verwendung spezieller Zwerghuhntränken aus Kunststoff, Metall oder Glas bewährt. In einem Vorratsbehälter steht den Tieren immer sauberes Wasser zur Verfügung, das über eine kleine Öffnung in eine Trinkrinne läuft. Um eine Verschmutzung dieser Rinne zu vermeiden, sollte die Tränke unbedingt erhöht aufgestellt werden. Um die Gefahr von Krankheitsübertragungen zu verringern, hat sich die tägliche Reinigung der Tränke und die Verwendung einer Wechseltränke, die zwischenzeitlich immer vollständig abtrocknen kann, vielfach bewährt.

Tränkenwärmer

Wasser sollte ständig und unabhängig von der Witterung zur Verfügung stehen. Selbst bei genügender Isolie-

Mit einem Bügel versehene Futtertröge sind deshalb besser geeignet.

rung der Ställe können Tränken im Winter einfrieren. Hier haben sich Tränkenwärmer bewährt, die, Stromanschluss vorausgesetzt, – einfach unter die Tränke gestellt werden und das Einfrieren verhindern.

Gritkasten

Um eine einwandfreie Verdauung zu gewährleisten, müssen Zwerghühner kleine Steinchen, sogenannter Grit (Magensteinchen), aufnehmen. Diesen sollte man den Hühnchen dauerhaft anbieten, wofür es spezielle Gritkästen gibt.

Badekiste

Für die Gefiederpflege und das allgemeine Wohlbefinden sollte man seinen Zwerghühnern die ständige Möglichkeit zum Staubbaden anbieten. Dazu bastelt man sich am besten eine Holzkiste mit den Maßen 80×60 ×20 cm. Neben trockener Erde und Sand kann man reine Holzasche dazugeben. In diesem Gemisch baden Zwerghühner gerne.

SMART

Sauberkeit ist oberstes Gebot

- **Futtertröge** müssen täglich kontrolliert und eventuell verschmutztes Futter entfernt werden.
- **Weichfutter** sollte in einem extra Futtergefäß angeboten werden.
- **Nicht gebrauchte Tränken** werden am besten an die Sonne zum Austrocknen gehängt.
- **Um die Gefahr** von Krankheitsübertragungen zu verringern, sollte täglich eine frische, vollständig ausgetrocknete Tränke verwendet werden.

Stallbau leicht gemacht

Wer Zwerghühner halten will, braucht einen geeigneten Stall. Aus Zeiten, in denen die private Hühnerhaltung normal war, findet man auf vielen Grundstücken vor allem in ländlichen Gegenden noch Hühnerställe vor, die sich auch für Zwerghühner eignen. Sonst muss man sich Gedanken darüber machen, wie man am zweckmäßigsten einen Neubau erstellt. Um böse Überraschungen zu vermeiden, ist es vor allen weiteren Überlegungen anzuraten, sich bei der örtlichen Baubehörde nach den entsprechenden rechtlichen Bestimmungen zu erkundigen.

Platz ist in der kleinsten Hütte

Je nachdem, welche Rasse und welche Anzahl an Zwerghühnern Sie halten wollen, sollten Sie die Stallgröße planen. Für ein Stämmchen Zwerghühner aus einem Hahn und vier Hennen sollten Sie etwa 2,5 qm Stallgrundfläche vorsehen. Die Höhe des Stalles ist im Idealfall so zu bemessen, dass man bequem darin stehen kann. Dies erleichtert die Kontrolle der Hühnchen und die Reinigung ganz erheblich. Zwerghuhnställe kann man sowohl in Massiv- als auch in der üblichen Holzständerbauweise erstellen. Mit etwas handwerklichem Geschick lässt sich besonders der Stallbau aus Holz relativ leicht im Selbstbau bewerkstelligen.

Vom Boden bis zum Dach

Bevor man mit dem Stallbau beginnen kann, muss man Fundamente erstellen. Sie müssen bis unter die Frostgrenze reichen, im Normalfall also 80 bis 100 cm tief in den Boden. Die übliche Fundamentbreite liegt bei etwa 20 cm. Die Fläche zwischen den Fundamenten verschließt man am besten mit einer Betondecke gegen Schadnager unter dem Stall. Für die Wandkonstruktion haben sich Kanthölzer mit einer Seitenstärke von 8 cm bewährt. Diese können mit einfachen Metallwinkeln verbunden werden. Die Innenseiten der Stallwände werden am besten mit Pressspanplatten verkleidet.
Die Außenwandverschalung erfolgt meist mit Nut- und Federbrettern. Die Wandzwischenräume werden mit Styroporplatten gedämmt.

Wertvolle Tipps

Das Kotbrett sollte etwa 70 cm über dem eigentlichen Stallboden angebracht werden. Die darauf befindlichen Sitzstangen noch einmal 15 cm höher.

Wenn direkt unter den Sitzstangen ein hochklappbarer, grobmaschiger Drahtrost angebracht wird, kommen die Hühnchen mit dem Nachtkot nicht in Berührung.

Auslauföffnungen sind so hoch anzulegen (etwa 20 cm über dem Stallboden), dass die Tiere keine Einstreu nach außen scharren können.

Sehr zweckmäßiger Stall mit überdachten Volieren und angrenzendem Grünauslauf kommt den Zwerghühnern entgegen.

So kann sich der Stall im Sommer sich nicht so leicht aufheizen und im Winter nicht so schnell auskühlen. Direkt auf die Betonbodenplatte legt man Dachpappe als Feuchtigkeitssperre und darauf eine Mehrschicht-Holzplatte, da sich eine solche einfach reinigen lässt. Üblich sind sogenannte Pultdächer. Dabei werden Kanthölzer in der Stärke der Wandkonstruktion auf die Seitenwände aufgelegt und mit Pressspanplatten abgedeckt. Darauf kommt dann eine witterungsbeständige Dachpappe.

SMART

Rund ums Nest

- **Selbst bei wenigen** Zwerghühnern ist es sinnvoll, mehrere Legenester etwas erhöht (etwa 50 cm über dem Stallboden) anzubringen.
- **Als übliche Maße** für das Legenest haben sich 30 × 30 × 35 cm für die meisten Zwerghuhnrassen gut bewährt.
- **Die Einstreu** der Legenester besteht aus genügend kurzgehäckseltem Stroh, das in regelmäßigen Abständen erneuert werden sollte.

Licht und Luft

Zwerghühner brauchen viel Licht. Die Fensterfläche sollte $1/5$ bis $1/6$ der Stallfläche betragen. Sinnvoll gegen eine Überhitzung des Stalles im Sommer ist es, die Fenster innen mit feinmaschigem Draht zu bespannen und mit aushängbaren Flügeln zu versehen. Zur ausreichenden Lüftung bei geschlossenen Fenstern lässte man auf der Vorder- und Rückseite des Stalles im oberen Bereich eine 10 cm breite und einen Meter lange, mit Draht bespannte Öffnung frei, die mit einem Holzschieber geöffnet oder geschlossen werden kann.

Der Zwerghuhngarten

Zwerghühner sind Laufvögel, die einen Großteil des Tages damit verbringen, in ständigem Hin- und Herlaufen nach Futter zu suchen. Sie benötigen demnach einen möglichst großen Auslauf, an den einige Anforderungen zu stellen sind.

Staunässe darf nicht sein

Zwerghühner halten sich bevorzugt in direkter Nähe des Stalles auf, sodass dieser Bereich im Interesse von Mensch und Tier auf besondere Weise gestaltet sein sollte. Durch die erhöhte Kotabgabe um den eigentlichen Stall herum ist zu empfehlen, hier eine etwa 15 cm tiefe Sandschicht oder glatte Gehwegplatten anzubringen. Beide Untergründe haben den Vorteil, dass sie sehr gut zu reinigen sind und selbst bei länger dauerndem Regen keine Staunässe aufkommen lassen. Mit so genannten Rasenkantensteinen lässt sich eine exakte Trennung zwischen Grünfläche und dem direkten Stallumfeld herstellen.

Während die Grasfläche zur Nahrungsaufnahme dient, bietet der Obstbaum Schatten und Schutz im Zwerghuhngarten.

▸ **Gras ist nicht gleich Gras.** Da die meisten Zwerghühner ständig am Scharren sind, muss die Grasnarbe recht widerstandsfähig sein. Bewährt haben sich Spielrasenmischungen, wie sie in jedem Baumarkt zu erhalten sind. Um eine einzelne Horstbildung und Löcher im Boden zu vermeiden, sollte der gesamte Rasen während der Wachstumszeit nach Möglichkeit jede Woche gemäht werden. So kann man eine vollständig intakte Grasfläche dauerhaft erhalten.

▸ **Schatten spendende Bepflanzung** sollte bereits bei der Planung des Zwerghuhngartens genügend berücksichtigt werden. Besonders empfehlenswert sind alle Arten von Obstgehölzen, Johannisbeeren, Haselnuss und nicht zuletzt Holunder – dem Hühnerbaum schlechthin. Die herabfallenden Früchte im

Herbst sind ein Leckerbissen für unsere Zwerghühner. Dagegen ist vor einer Bepflanzung des Zwerghuhnauslaufes mit Koniferen und vor allem Eiben (giftig!) zu warnen.

Zaun ist nicht gleich Zaun

Da die meisten Zwerghühner in einem ihnen zugedachten Bereich des Gartens bleiben sollen, ist eine Umfriedung des Hühnergartens nicht zu umgehen. Dazu werden zumeist die handelsüblichen Drahtzäune in der der Größe der Rasse entsprechenden Höhe verwendet. Soll eine dauerhafte Zaunanlage erstellt werden, sind Metallpfosten eine sinnvolle Lösung und werden am besten in ein Betonfundament gestellt. Verwendet man Holzpfosten, sollten diese zusätzlich zur bereits vorhandenen Tiefendruckimprägnierung mit einem Holzschutzmittel gegen Holzfäule geschützt werden. In den letzten Jahren werden immer mehr Holzzäune verwendet, da sie den ländlichen Charakter der Zwerghuhnhaltung etwas unterstreichen. Um ihnen eine lange Lebensdauer zu ermöglichen, muss man sie mindestens jedes zweite Jahr mit einem neuen Holzschutzanstrich versehen. Bei sehr flugfreudigen Rassen empfiehlt sich die Überspannung des Auslaufes mit einem Netz. Solche Netze sind preisgünstig im Fachhandel zu bekommen.

Ein stabiler Zaun hindert die Hühnchen am Entwischen, hier Ruhlaer Zwerg-Kaulhühner.

SMART

Die Struktur macht es

- **Will man mehrere Hähne** halten oder hat recht zänkische Hennen, können einfache, etwa 50 cm hohe Holzabtrennungen im Auslauf für viel Ruhe sorgen.
- **Ein unter einem Baum** oder Strauch angelegtes, zusätzliches Staubbad wird von den Hühnchen sehr gerne angenommen.

Lebende Themengärten

Gärten, gestaltet als Gesamtkunstwerk oder unter einem bestimmten Thema müssen die Haltung von Zwerghühnern nicht ausschließen – im Gegenteil: Die richtige Rasse am richtigen Platz kann einem Garten den entscheidenden Akzent verleihen.

Egal ob Bauerngarten mit Buchshecken, japanischer Steingarten oder Englischer Landschaftsgarten – die moderne Gartengestaltung bezieht sich meist auf ein bestimmtes Thema, das sich durch die gesamte Anlage zieht. Dass sich dieser Gedanke durchaus mit der Haltung von Zwerghühnern verbinden lässt, in manchen Kulturen sogar unbedingt dazugehört, soll an dieser Stelle etwas näher beleuchtet werden. Voraussetzungen für das Gelingen einer solchen Kombination sind die Wahl der richtigen Zwerghuhnrasse und das Beachten einiger Besonderheiten. Damit die Gartenanlage nicht zu sehr durch das Scharren der Hühner beeinträchtigt wird, sollte die Anzahl der Zwerghühner zunächst sehr knapp bemessen und dann langsam in gartenverträglicher Weise aufgestockt werden.

1 ◂ **Für den japanischen Steingarten** mit großen Findlingen, Kiesflächen, Bonsaibäumen und einem Koi-Teich sind Chabo mit ihrem etwas grotesken Aussehen genau die richtige Zwerghuhnrasse. Sie sind sehr ruhige Tiere, scharren kaum und zeigen keine Lust zum Fliegen. Selbst kleine Bachläufe genügen ihnen als Begrenzungen, wenn man beispielsweise möchte, dass sie sich nur in einem bestimmten Bereich oder Teil des Gartens aufhalten sollen.

2

▸ **Zwerg-Cochin** passen als sehr ursprüngliche Zwerghühnchen, die in den kaiserlichen Gärten Pekings gehalten wurden, ideal in einen Garten, in dem Bambus wächst und Laternen oder Pagodenhäuschen stehen. Auch diese Hühnchen zeigen keine Fluglust, scharren kaum und sind selbst mit kleinen Steinwällen sicher eingefriedet. Bietet man ihnen als Ställe kleine Hütten in chinesischer Bauart an, so ist die Symbiose perfekt und der Garten erhält einen fast vollkommenen Charakter.

3

◂ **In den bunt blühenden Bauerngarten,** in dem auch vielerlei Gemüse wächst, passen am besten kräftige Zwerghühner. Sie dürfen neben der Schönheit durchaus einen Nutzeffekt im Hinblick auf eine stattliche Eierzahl haben. Zwerg-Barnevelder oder Zwerg-Wyandotten sind hier genau richtig. Da die Hühnchen in den Bauerngärten normalerweise frei umherlaufen, werden Blumen- oder Gemüsebeete am besten mit einem derben Holzlatten- oder Flechtzaun umfriedet.

Zwerghühner verstehen

Die tägliche Beschäftigung mit Ihren Zwerghühnern wird Sie schon bald erkennen lassen, dass diese kleinen Tierchen über ein sehr interessantes Sozialleben verfügen.

Körpersprache

Zwerghühner haben eine feinsinnige Körpersprache, die sich vor allem in ganz verschiedenen Lauten ausdrückt. Im Gegensatz zum Hund, dessen Kommunikation auch für uns Menschen sehr schnell erkennbar wird, geschieht diese bei Zwerghühnern viel unauffälliger und man braucht einige Erfahrung, um die Hühnchen zu verstehen.

▸ **Jetzt komme ich:** Der sprichwörtliche Hahn im Korb wird uns auch bei unseren Zwerghühnern immer wieder aufs Neue begegnen. Er führt seine Hennen sehr strikt: Er ist immer der erste am Futtertrog, verlässt als erster am Morgen den Stall und verteilt auch schon einmal Schnabelhiebe, wenn seine Hennen etwas widerspenstig sind. Im Gegenzug ist er der fürsorgliche Haremswächter, dem keine noch so geringe Gefahr verborgen bleibt und der dies durch lautes Gegacker auch kundtut.

▸ **Gruppendynamik:** Zwerghühner, so hat man den Eindruck, gehen im Auslauf eigentlich recht alleine ihrer Wege. Dabei stehen sie doch unter ständiger Beobachtung des Hahnes und aller anderen Hennen. Kaum hat eine von ihnen etwas Besonderes gefunden, eilen die anderen herbei, um auch etwas abzubekommen. Dabei gehen die Hennen überhaupt nicht zimperlich miteinander um. Eher schon hat man den Eindruck, dass sich jede selbst die nächste ist.

▸ **Aufmerksamkeit:** Hühner sind in der freien Natur vielerlei Gefahren ausgesetzt und müssen deshalb besonders wachsam sein. Dieses Verhalten ist auch den

Nichts entgeht dem aufmerksamen Auge des Hahnes – er ist sofort zur Stelle, wenn die Hennchen eine interessante Entdeckung machen.

Zwerghühnern immer noch eigen. Sie reagieren deshalb gelegentlich auf schnelle, unvorhersehbare Bewegungen recht schreckhaft. Aus diesem Grunde sollte man mit seinen Hühnern reden, denn dann hören sie, dass jemand zu ihnen kommt.

Kann man Zwerghühner erziehen?

Jeder, der sich mit Zwerghühnern näher beschäftigt, wird erkennen, dass der Ausspruch „Du dummes Huhn!" eigentlich überhaupt nicht stimmt. Dennoch ist eine Erziehung wie beispielsweise bei einem Hund nicht möglich. Aber man kann mit ihnen verschiedene Rituale einstudieren und wird dann bald merken, dass diese von den Hühnchen fest eingehalten werden. So kommen die Tierchen immer wieder gerne zum Zaun, wenn sie wissen, dass dort ein besonderer Leckerbissen auf sie wartet. Die Hühnchen können aber nicht auf einen festen Toilettenplatz trainiert werden, denn im Gegensatz zu vielen anderen Heimtieren setzen Hühner ihren Kot ständig und an den verschiedensten Plätze ab. Die größte Kotmenge fällt jedoch während der Nacht an und findet sich am nächsten Morgen auf dem Kotbrett. Diesen sollte man möglichst täglich entfernen, da die Ausdünstungen dieser Ausscheidungen viel frische Luft binden.

Mit Leckerbissen macht man Zwerghühner schnell handzahm.

SMART

Ganz normal

- **Auch wenn sich** Zwerghühner nicht richtig erziehen lassen, so nehmen sie gerne wiederkehrende Rituale an.
- **Da die Lautäußerungen** ein wichtiger Teil ihres Verhaltens sind, können Sie einen engen Kontakt zu Ihren Zwerghühnern aufbauen, wenn Sie in ihrer Nähe reden. Den Hühnchen wird Ihre Stimme vertraut und sie werden ihre angeborene Scheu ablegen.

Fütterung – Power aus der Natur

Zwerghühner sind Allesfresser und nehmen sogar Bestandteile auf, die für sie schädlich sein können. Deshalb sollten Sie ihnen eine möglichst vielfältige und vor allem artgerechte Nahrung anbieten, die ihre Gesundheit und ihr Wohlbefinden steigert – echtes Powerfutter also.

Die wilden Vorfahren unserer Zwerghühner haben sich überwiegend von Sämereien (Körnern), Insekten, Insektenlarven, Würmern, kleinen Schnecken und sehr viel Grünzeug ernährt. An einer solchen abwechslungsreichen Nahrung, die alle lebenswichtigen Bausteine wie Kohlenhydrate, pflanzliches und tierisches Eiweiß, Fette, Mineralstoffe, Vitamine und Spurenelemente enthält, sollten Sie sich immer orientieren, wenn Sie Ihre Hühnchen richtig und vollwertig ernähren wollen.

Langes Gras ist kein idealer Bewuchs für den Zwerghuhngarten.

Vielfalt ist Trumpf

▸ Das Grundfutter für Zwerghühner besteht am besten aus einer Körnermischung, die Weizen, Gerste, zerkleinertem Mais und in sehr geringem Umfang geschälten Hafer enthält. Dieser wird zwar von den Tieren nicht so gerne gefressen, zeigt dem Menschen aber sehr deutlich an, wie er die folgende Futterration zu bemessen hat. Sind noch Haferkörner vorhanden, muss die nächste Ration knapper ausfallen. Körner werden im Regelfall am Abend gegeben, wobei die Körnermenge so bemessen sein sollte, dass am nächsten Morgen nichts mehr im Futtertrog übrig ist.
Legemehl oder noch besser Legehennenalleinfutter in pelletierter oder in Mehlform sollte den Tieren zusätzlich ständig zur Verfügung stehen und kann

deshalb als Standfutter gereicht werden.

▸ Als Weichfutter kann man seinen Zwerghühnern hin und wieder ein eingeweichtes Brötchen geben, dem fein geriebene Karotten und auch Haferflocken beigemengt werden können. Der Weichfutteranteil darf niemals mehr als 10 Prozent der gesamten Futtermenge ausmachen und muss so bemessen sein, dass die gesamte Ration innerhalb von 15 Minuten restlos aufgefressen wird. Übrig gebliebene Mengen sollten sofort entfernt werden, weil sie vor allem bei sehr warmer Witterung schnell sauer werden und damit gesundheitsschädlich sind.

Getrocknete Brennnesseln sind im Winter begehrtes Grünfutter.

SMART

Achtung!

- **Gewürzte Speisen** wie Essensreste darf man seinen Zwerghühnern nicht geben!
- **Abschnitte und Schalen** von unbehandeltem Gemüse und Obst sind bevorzugte Leckerbissen.
- **Futtermittel** mit abgelaufenen Verfallsdatum dürfen den Tierchen nicht mehr gegeben werden.

▸ Ein großer Auslauf „deckt den Tisch", sagt man in Züchterkreisen, denn die Zwerghühner sind den ganzen Tag im Auslauf auf der Suche nach Fressbarem. Dabei finden sie Insekten, Würmer, Schnecken und dergleichen. Deshalb sollten Sie als Halter den Tieren immer weitgehend naturbelassenen Auslauf bieten, in dem sie alle diese Nahrungskomponenten finden können.

▸ Gräser aller Art werden von den Zwerghühnern bevorzugt und in großen Mengen gefressen. Auffallend ist dabei, dass sie nur die obersten Grasspitzen abpicken und ältere, schon etwas verholzte Grasbestandteile verschmähen. Es ist deshalb sinnvoll, den Rasen für die Hühner wöchentlich zu mähen, damit ständig frische junge Triebe nachwachsen können.

Keimfutter

Eine echte Powerquelle für unsere Zwerghühner und höherwertiger als trockenes Körnerfutter ist sogenanntes Keimfutter. Dazu kann man gewöhnliches Körnerfutter keimen lassen und dann den Hühnchen als täglichen Leckerbissen reichen.

In diesem Keimungsstadium sind die Körner am wertvollsten.

Sauberkeit bei der Keimfutterbereitung

Bevor man Körner keimen lassen kann, legt man die vorher festgelegte Menge eine Nacht in lauwarmes Wasser zum Quellen. Am nächsten Tag werden die Körner in ein Sieb abgegossen und mehrmals mit viel klarem Wasser abgespült. Dies ist sehr wichtig, damit sich keine krankheitserregenden Keime vermehren können.

Die Körner schüttet man nun in ein anderes Sieb, damit das restliche Wasser vollständig ablaufen kann. Sie werden dann, je nach Wetterlage, im Normalfall einen Tag in die Wärme, ohne direkte Sonneneinstrahlung, gestellt. Man kann dies auch an der Heizung tun. Dauert der Keimvorgang länger, muss das Getreide zwischendurch mehrmals mit lauwarmem Wasser gespült werden. Keimfähiges Getreide wird jedoch schon nach kürzester Zeit an den Kornspitzen aufplatzen und eine Sprossspitze hervorbringen. Es muss kein vollständig entwickelter Keimling zu sehen sein. Allein das Aufplatzen genügt, um hochwertiges Keimfutter zu erhalten.

Dann ist die richtige Zeit, es seinen Zwerghühnern anzubieten. Keimfutter sollte keinesfalls der Hauptbestandteil in der Zwerghuhnfütterung darstellen, bietet sich aber als wertvoller Leckerbissen hin und wieder durchaus an.

Bei allen Vorzügen die Keimfutter mitbringt, sollten Sie daran denken, dass es nicht so nebenbei hergestellt werden kann.

Äußerste Hygiene und die Verabreichung über einen längeren Zeitraum sind dabei Grundvoraussetzung, sonst sollte man lieber auf die Fütterung von gekeimtem Futter verzichten. Bei unsachgemäßer Handhabung können durch bakterielle und pilzliche Verunreinigungen bei den Hühnern Gesundheitsschädigungen auftreten, an denen sie sogar sterben können. Auch sollten Sie wie beim Weichfutter darauf achten, dass die angebotene Menge innerhalb kürzester Zeit aufgefressen wird und die Reste gleich entfernen.

Frisches Wasser muss den Hühnchen immer zur Verfügung stehen.

Wasser ist Lebensquell

Während Zwerghühner mehrere Tage ohne Futter überleben können, führt ein Tag ohne Wasser meist zum Tod. Deshalb müssen wir unseren Zwerghühnern ständig genügend und frisches Wasser anbieten. Dabei darf die Wassertemperatur nie zu hoch sein, weil sie es sonst nicht trinken. Bereits bei einer Temperatur von 20 °C nehmen die Hühner im Durchschnitt nur noch die Hälfte des Wassers auf, wenn gleichzeitig Wasser von 3 °C angeboten wird. Daraus lassen sich deutlich die Vorlieben unserer Zwerghühner für kühles bis kaltes Wasser ableiten. Für uns als Betreuer heißt das, die Tränke immer an einen schattigen Ort, am besten im Stall zu platzieren und das Wasser im Hochsommer wenn nötig, mehrmals täglich zu erneuern.

SMART

Öfter mal was Neues

- **Keimfutter richtig hergestellt,** ist eine Bereicherung des Speiseplans für Hühner und wird mit Hochgenuss gefuttert.
- **Zwerghühner** sind in Bezug auf die Trinkwassertemperatur recht wählerisch. Im Hochsommer deshalb nach Möglichkeit mehrmals täglich frisches Wasser anbieten und die Tränke nie der prallen Sonne aussetzen.

Eier – klein aber fein

Während viele Heimtiere nur zur Freude und Gesellschaft der Menschen gehalten werden, bieten die Zwerghühner ein Extra – eine nicht zu unterschätzende Eierzahl.

Legen Zwerghühner auch Eier?

Diese Frage hört man oft und meist wird dann noch, ob man diese denn auch essen kann. Beides kann man getrost mit ja beantworten. Sowohl die Anzahl der Eier dieser Hühnchen, als auch ihr Geschmack sind ausgezeichnet.

▸ Die Anzahl der Eier variiert ganz erheblich von Rasse zu Rasse. Während Rassen mit stark ausgeprägtem Bruttrieb zwischen 50 und 70 Eiern pro Jahr legen, gibt es andere, die es bis auf eine Eizahl von mehr als 180 Stück bringen. Entscheidend für solche Stückzahlen sind neben der Veranlagung auch die Haltungsbedingungen und die Wettersituation. Grundsätzlich kann man davon ausgehen, dass bei schlechtem Wetter und Kälte die Legeleistung eher abnimmt und bei einigen Rassen ganz eingestellt wird. Dagegen gibt es Rassen, die als ausgesprochene „Winterleger“ bekannt sind.

▸ Die Eigröße hängt wie die Legeleistung von der jeweiligen Rasse ab. Niemand wird wohl ein Ei von 50 g Gewicht von einem Hennchen mit einem Lebensgewicht von 500 g erwarten, dennoch kann man davon ausgehen, dass Zwerghühner in Relation zu ihrem Körpergewicht recht große Eier mit einem hohen Dotteranteil legen. Vor allem die Althennen der Zwerg-Welsumer sind für ihr sehr großes Ei bekannt, das selbst dem Vergleich mit Eiern von großen Hühnern standhält.

▸ Auch farblich unterscheiden sich die Eier verschiedener Rassen. Von schneeweißen über cremefarbene bis hin zu richtig schokobraunen Eiern

Ostereier aus der Natur – Zwerghuhneier zeigen von Rasse zu Rasse zum Teil grundverschiedene Färbungen.

reicht dabei die Farbpalette. Als Faustregel kann gelten, dass Rassen mit weißen Ohrscheiben auch weißschalige Eier und Rassen mit roten Ohrlappen, braunschalige Eier legen. Eine Ausnahme stellen die Zwerg-Araucana dar, deren Eier türkisfarben und deshalb recht beliebt sind.
Zu Beginn der Legeperiode ist die Farbe der Eier dunkler und lässt in der Intensität dann mit der zunehmender Anzahl gelegter Eier dann merklich nach. Die Inhaltsstoffe der Eier hingegen verändern sich aber nicht. Das Verblassen der Farbe ist also lediglich ein optisches Kriterium.

Leuchtend rote Kämme zeigen eine gute Legeleistung an.

SMART

Nutztier Zwerghuhn

- **Wollen Sie** Ihre Zwerghühner dauerhaft als Eiquelle nutzen, sollte Ihre Wahl der Rasse von der zu erwartenden Eierzahl abhängen.
- **Auch sollten** Sie sich im Vorfeld Gedanken darüber machen, was mit den Hennen geschehen soll, wenn ihre Legeleistung mit etwa drei Jahren nachlässt.

Äußere Merkmale zeigen die Legetätigkeit

Jede Rasse hat ihr spezifisches genetisches Potenzial im Hinblick auf die Legeleistung. Mit zwei bis spätestens drei Jahren geht die Legeleistung der Hennen merklich zurück.
Viele Zwerghuhnhalter geben die Hennchen dann in diesem Alter ab. Dies geschieht am besten, wenn sie sich nicht in der Legeperiode befinden.
Merkmale einer Henne, die gerade in voller Legetätigkeit ist, sind erstens ihr leuchtend roter Kamm und Kehllappen, zweitens ein weicher Legebauch und drittens eine große, feuchte und blassfarbene Kloake. Sind diese Merkmale bei der Henne nicht vorhanden, kann man davon ausgehen, dass sie gerade nicht legt.

Mit Zwerghühnern on tour

Für viele Menschen jedes Alters ist die Zwerghuhnzucht eine interessante Freizeitbeschäftigung. Dabei sind Frühjahr und Sommer der Aufzucht vorbehalten, im Herbst und Winter sind die Züchter zu den Ausstellungen on tour.

Die Zucht nach den in einem Standard festgelegten Schönheitskriterien existiert für alle Zwerghuhnrassen und Farbenschläge. Darin wird die richtige Größe, Gefiederfarbe, Zeichnung, Lauffarbe, Kammform und anderes detailliert beschrieben und festgelegt. Viele Menschen sehen in der Zucht von Zwerghühnern eine sinnvolles Hobby und engagieren sich darin sehr stark.

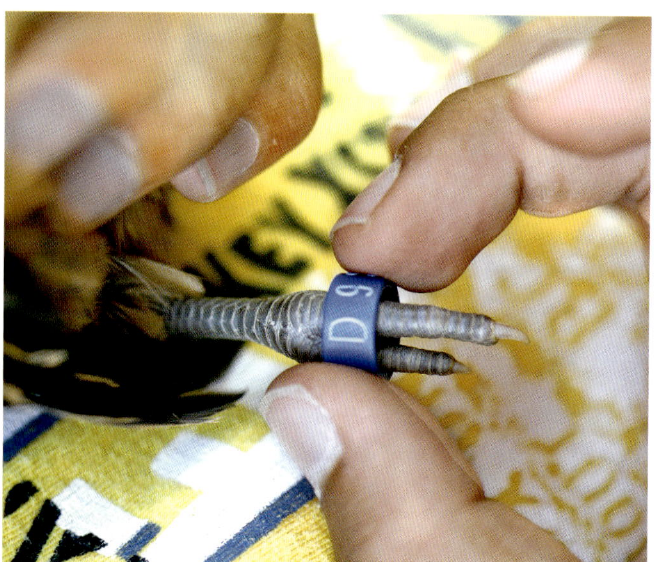

Bei Ausstellungen müssen die Hühnchen beringt sein.

Die Zucht

Grundlage einer Zucht nach Schönheitsmerkmalen sind Elterntiere, die möglichst frei von Wünschen sind, wie sie der Standard festlegt. Je nach Entwicklungszeit der jeweiligen Rasse wird der Züchter in den Monaten März, April oder Mai eine Anzahl Eier in einem Brutapparat oder unter der Glucke ausbrüten lassen. Sein Ziel dabei sind Jungtiere, die in den Standardmerkmalen etwas besser sind als ihre Eltern. Nach etwa sechs bis acht Wochen werden die Jungen mit vom Zuchtverband bezogenen Kunststoffringen mit eingravierter Nummer beringt. Der Ring ist gleichzeitig ein Abstammungsnachweis.

Da nie alle Jungtiere dem vom Standard festgelegten Schönheitsideal entsprechen, wird ein Züchter versuchen, mehr Jungtiere aufzuziehen, als er am Ende benötigt. Tiere mit kleinen Schönheitsfehlern wird er im Laufe der Aufzuchtsphase abgeben. Für den reinen Hobbyhalter ist dies eine gute Gelegenheit, Junghühner zu bekommen.

Der Ausstellungsrichter bewertet unter anderem auch das Gefieder.

SMART

Bei der Ausstellung

› **Wenn Sie Zwerghühner** erfolgreich bei Ausstellungen präsentieren möchten, lohnt es sich, mit erfahrenen Züchtern Kontakt aufzunehmen und sich wertvolle Tipps zu holen. Bevor Sie Ihre Zwerghühner das erste Mal ausstellen, ist es wichtig, sich mit dem entsprechenden Rassestandard vertraut zu machen.

Bei der Ausstellung

Um an Ausstellungen auf Orts-, Kreis- oder Bundesebene teilnehmen zu können, muss man Mitglied in einem Kleintier- bzw. Geflügelzuchtverein sein. Etwa sechs Wochen vor dem eigentlichen Ausstellungstermin legt man dann fest, mit wie vielen Tieren man an der Schau teilnehmen will. Die Hühnchen werden für das Ereignis besonders schön gemacht. So wäscht man ihnen die Füße und schneidet unter Umständen andersfarbige Federn ab. Am Tag der Ausstellung werden die Zwerghühner in Einzelboxen gesetzt in denen sie mit Wasser und Futter versorgt sind. Meist am anderen Tag bewerten dann speziell ausgebildete Preisrichter nach dem gültigen Standard die Tiere, wobei eine Bewertungskarte mit Vorzügen, Wünschen und Mängeln angefertigt wird. Das Urteil endet in einer Note, die von „vorzüglich“ über „hervorragend“, „sehr gut“, „gut“, „befriedigend“ bis „ungenügend“ reicht.

Zeit fürs Hobby

Wenn Sie sich der Zwerghuhnzucht und Ausstellungen verschreiben möchten, sollten Sie von Anfang an daran denken, dass dies eine ganze Menge Zeit kostet. Es ist eine echte Beschäftigung in der Freizeit, die aber auch mit sehr viel Freude, Aktivität und Entspannung verbunden ist.

Liebevoll umsorgt

Stallpflege

Zwerghühner sind sehr reinlich und man sieht ihnen förmlich an, wie sie sich in einem gepflegten Umfeld wohlfühlen. Dabei beschränkt sich der Pflegeaufwand meistens darauf, dass Stall und Auslauf immer sauber gehalten werden. Dies ist übrigens auch die beste Gesundheitsvorsorge für Ihre Zwerghühner.

Da Zwerghühner das ganze Jahr über zwischen dem Aufenthalt in Stall oder Auslauf frei wählen können, sind sie der Witterung ausgesetzt. Einem einwandfreien Gefieder sollte besondere Aufmerksamkeit geschenkt werden, denn dies ist ihr Allwetterschutz. Dies erreicht man am besten, wenn man die Hühnchen optimal versorgt und ihnen zu jeder Zeit ein Staubbad zur Verfügung stellt. Neben dem Staubbad im Stall werden sich die Hühnchen im Auslauf ziemlich schnell eine Erdkuhle unter Bäumen oder Sträuchern schaffen.

Das Staubbad dient den Hühnern zur Gefiederpflege.

Dicke Einstreu ist von Vorteil

Die meisten Zwerghühner scharren sehr gerne und so sollte man ihnen auch bei längerer Stallhaltung, wenn starker Schneefall den Freigang zum Beispiel nicht zulässt, eine sogenannte Tiefstreu anbieten. Dazu werden staubfreie Hobelspäne und kurz geschnittenes Stroh im Verhältnis 3 : 1 etwa 20 cm dick auf dem Boden aufgebracht. Diese Schicht scharren die Hühnchen regelrecht durch. Da die Hühner den meisten Kot auf dem Kotbrett abgeben, kann diese Tiefstreuschicht sehr lange im Stall bleiben. Sinnvoll ist es, wenn etwa einmal im Monat mehrere Eimer herauszunehmen und frisches Tiefstreugemisch aufzugeschütten. Einmal jährlich wird die komplette Tiefstreuschicht entfernt und ausgetauscht.

Das Kotbrett schafft Übersicht

Wenn die Hühner nachts auf ihren Sitzstangen verbringen, produzieren sie die Hauptmenge ihrer Ausscheidungen. Dass der meiste Teil dieses Nachtkotes nicht die Einstreu belastet, verhindert ein unter den Sitzstangen angebrachtes Kotbrett. Werden auf das saubere Brett ganz dünn Hobelspäne aufgetragen, lässt sich der Kot danach einfach entfernen. Dies sollte täglich geschehen, denn dieser reine Kot gibt Gase ab und bindet sehr viel Sauerstoff, außerdem geht von ihm eine nicht unerhebliche Geruchsbelästigung aus.

Zweckmäßige Einrichtung eines kleines Zwerghuhnstalles.

SMART

Die Versorgung im Urlaub

- **Zwerghühner nimmt** man normalerweise nicht mit in den Urlaub, sodass eine verlässliche Urlaubsvertretung engagiert werden sollte.
- **Weisen Sie die** Vertretung in Ihre „Zwerghühnertagesroutine" ein und hinterlassen Sie wichtige Adressen für Notfälle.

Mit sonstigen Gartenabfällen und der regelmäßig anfallenden Tiefstreumenge vermischt, ergibt dieser Nachtkot auf dem Kompost mit der Zeit einen sehr wertvollen Gartendünger.

Desinfektion

Die Sitzstangen und die Legenester sollte man in regelmäßigen Abständen (einmal pro Monat) desinfizieren. Dazu bietet der Landhandel wirksame Präparate an. Man entfernt die Nesteinstreu und besprüht anschließend die Nestwände und Sitzstangen. Der gesamte Stall wird desinfiziert, wenn die komplette Tiefstreu ausgewechselt wird. Die meisten Desinfektionsmittel wirken erst ab etwa 15 °C, sodass eine Desinfektion in den Wintermonaten nicht den gewünschten Effekt erzielt.

Zwerghuhnhandling

Gut ist es, wenn die Zwerghühner es gewohnt sind, angefasst zu werden, auch wenn sie nicht gerade Streicheltiere sind. In manchen Fällen ist das Tragen und Halten unumgänglich und damit dies für Tier und Mensch ohne großen Stress abläuft, sollte man das richtige Handling beherrschen.

Fingerlage beim Halten eines Zwerghuhnes.

Zwerghühner tragen

Oft sieht man, wie Menschen Hühner an den Flügelansätzen hoch nehmen. Dies schadet zwar kurzfristig nicht, verursacht den Tieren aber mit Sicherheit Schmerzen. Auch ein Festhalten an den Läufen mit dem Kopf nach unten sollte man unterlassen und lediglich dem Tierarzt für die kurze Zeit der Untersuchung gestatten. Durch die gewisse Flüchtigkeit der Zwerghühner ist ein einfaches Andrücken an den menschlichen Körper ebenfalls nicht zu empfehlen, weil das Hühnchen auf diese Weise leicht entwischen kann.

Es gibt aber einen Handgriff, um Zwerghühner sicher und völlig schmerzfrei zu halten. Damit sind auch beim Tierarzt die meisten Untersuchungen möglich. Bei dieser Methode greift man dem Tier mit dem Zeigefinger von vorne zwischen die Beine, während Ring-, Mittel- und kleiner Finger auf der einen, der Daumen auf der anderen Seite die Beine fixieren. Das Hühnchen liegt demnach, je nach Größe auf der Handfläche und dem Unterarm, mit der vollen Brust auf und fühlt sich geborgen. Nun kann man das Zwerghuhn mit dem Kopf in Richtung des menschlichen Körpers sachte heranführen. So bietet man dem Tier ein Gefühl der Sicherheit. Obwohl die Flügel in dieser Haltung nicht festgehalten werden, schlagen die wenigsten Tiere damit. Sollte es dennoch passieren, kann man mit der freien Hand die Flügel vorsichtig nach unten drücken. Da das Fangen an sich für Zwerghühner immer mit gewissem Stress verbunden ist, sollte man, sofern es sich nicht um eine ausgesprochen ruhige Rasse handelt, das entsprechende Tier bereits am Abend vor einem Transport von der Sitzstange nehmen und in einen separaten Käfig setzen.

Transport

Übliche Behältnisse für den Transport von Katzen und sonstigen Kleintieren sind für Zwerghühner nicht besonders gut geeignet, da die Öffnungen mit freier

So gehalten, fühlt sich das Zwerghuhn wohl und geborgen.

Sicht relativ groß sind und die Hühnchen ständig dorthin streben. Der Fachhandel bietet sehr funktionelle Lösungen an und man kann auch ein einfaches Transportbehältnis für die Fahrt zum Tierarzt beispielsweise, leicht selbst aus leichten Holzbrettern anfertigen. Für ein einzelnes Huhn ist als Grundfläche etwa 40 × 40 cm und eine Höhe von ebenfalls 40 cm zu wählen. Bevor der eigentliche Deckel mit dem Tragegriff und Scharnieren an die Kiste montiert wird, ist es sinnvoll, einen abnehmbaren Zwischendeckel aus dünnem Holz anzubringen. Dann kann das Zwerghuhn nicht sofort herausspringen, wenn man den Deckel öffnet. Als Lüftung genügt es, wenn im oberen Drittel der Kistenseiten mehrere Löcher mit etwa 40 mm Durchmesse ausgeschnitten werden. Nicht vergessen darf man, dass vor der Fahrt die Transportbox mit einer dicken, saugfähigen Schicht Hobelspäne ausgestreut werden muss, denn die Hühnchen geben im Transportstress meistens relativ viel dünnflüssigen Kot ab.

SMART

Beim Transport zu beachten

- **Für sehr kurze Strecken** kann man zum Transport auch einen Karton mit Luftlöchern verwenden.
- **Das Fangen und Halten** der Hühnchen sollte die Person tun, die den engsten Kontakt zu ihnen hat, damit der Stress für die Tiere verringert wird. Ständiges Reden gibt ihnen Geborgenheit.

Vorsorge

Wenn Sie Ihre Zwerghühner artgerecht füttern und halten, sind sie recht robuste Tierchen und Krankheiten und Verletzungen werden die Ausnahme bleiben.

Ist alles gesund?

Ein täglicher Kontrollblick, am besten während der Fütterungszeit, ist unverzichtbar in der Haltung von Zwerghühnern. Wenn Sie Ihre Tiere gut kennen, sehen Sie sehr schnell, ob die Hühnchen fit sind. Folgende Checkliste mit einfachen, aber sehr verlässlichen Kontrollpunkten gibt Ihnen schnell Aufschluss.

- **Der Kot** gesunder Zwerghühner ist normalerweise grün-braun mit weißen Einlagerungen und relativ fest geformt. Dazu geben Zwerghühner noch sogenannten Blinddarmkot ab. Dieser ist hellbraun und etwas flüssiger. Der Kot ist der wichtigste Parameter für die Gesundheit der Zwerghühner und sollte deshalb immer besonders beachtet werden.
- **Das Gefieder** sollte der Rasse entsprechend glatt anliegen und die einzelnen Federn vollständig vorhanden sein. Eine sichtbare Schuppenbildung außerhalb der Mauserzeit kann auf Parasiten hinweisen.
- **Die Haut** um die Kloake und diese selber sollten absolut sauber sein. Auch darf das Gefieder im Afterbereich nicht verklebt sein, da dies ein sicheres Zeichen von Durchfall ist.
- **Die Augen** müssen klar und leuchtend sein. Jegliche Schwellung oder Ausfluss deutet auf eine Krankheit hin, bei der sofort der Rat des Tierarztes einzuholen ist.
- **Die Nasenlöcher** müssen frei sein und dürfen keinen Ausfluss zeigen. Hin und wieder kann eine Reinigung nötig sein.
- **Gekrümmte Körperhaltung,** die zumeist mit gesträubtem

Ein gesundes Kotbild ist der wichtigste Indikator für die Gesundheit Ihrer Zwerghühner.

Gefieder auftritt, ist ein sicheres Zeichen, dass etwas nicht in Ordnung ist. Hier sollten Sie umgehend den Tierarzt aufsuchen.

Krallenpflege

Normalerweise nützen sich die Krallen auf natürliche Weise ab. Sind aber längere Stallhaltung vonnöten oder die Hühnchen laufen überwiegend auf sehr weichem Boden, kann es vorkommen, dass die Krallen nicht genügend abgenützt werden. Dann muss man mit einem speziellen Krallenschneider oder einem Nagelclipper das tote Horn abschneiden. Dabei ist darauf zu achten, dass man keinesfalls zu weit schneidet und die Blutgefäße verletzt. Sollte es doch passiert sein, kann ein Tuch mit sehr kaltem Wasser die Blutung relativ schnell stoppen. Für den Anfänger ist es sinnvoll, sich das Krallenschneiden das erste Mal von einem Tierarzt oder erfahrenen Zwerghuhnhalter zeigen zu lassen. Dann passiert garantiert nichts.

Diesem Hahn sieht man seine strotzende Gesundheit regelrecht an.

SMART

Impfungen

› **Viermal jährlich** müssen Zwerghühner gegen Newcastle Disease geimpft werden. Dazu entfernt man zwei Stunden vor der Impfung das Trinkwasser und gibt dann das mit dem Impfstoff vermengte neue Trinkwasser. Die Hühnchen kommen dann sofort und trinken davon. Nachdem jedes Tier getrunken hat, kann man es wieder austauschen.

Vorsicht bei Futterumstellungen

Will man das Grundfutter umstellen oder seinen Tieren zukünftig Weichfutter anbieten, sollte man dies nach und nach tun. So erhält der Organismus genügend Zeit, um sich an das andere Futter anzupassen. Auf jeden Fall wird die entsprechende Menge des anderen Futters schrittweise und nicht auf ein Mal erhöht.

Krankes Hühnchen, was tun?

Zeigt eines Ihrer Zwerghühner Krankheitssymptome, sollten Sie möglichst umgehend den Tierarzt aufsuchen, um die anderen vor einer eventuell ansteckenden Krankheit zu schützen. Wenden Sie keinesfalls sogenannte Hausmittelchen an, wie man sie noch immer in der landwirtschaftlichen Hühnerhaltung kennt, denn sie schaden oft mehr, als sie nutzen. Obwohl jeder hofft, dass seine Zwerghühner nicht krank werden, sollte auf erste Krankheitsanzeichen frühzeitig reagiert werden.

Wurmbefall

Spul- und Haarwürmer sind eigentlich in den meisten Zwerghuhnbeständen vorhanden. Dies lässt sich selbst bei größter Reinlichkeit nicht ausschließen, denn durch das Scharren und Aufnehmen von Erde, Kerbtieren und anderem ist eine ständige Wiederinfektion nicht zu verhindern. Liegt der Wurmbefall im üblichen Rahmen, beeinträchtigt dies die Zwerghühner kaum. Da sich die Würmer zum Teil aber explosionsartig vermehren, sollte man seine Hühnchen regelmäßig vier Mal im Jahr entwurmen. Das entsprechende Mittel bekommen Sie beim Tierarzt, der Ihnen auch genaue Anweisungen zur Dosierung gibt. Am besten ist eine Verabreichung über das Trinkwasser.

Außenparasiten

Das Gefieder bietet ideale Lebensverhältnisse für Vogelmilben, Federlinge, Flöhe und Läuse. Deshalb sollten Sie Ihre Tiere regelmäßig in die Hand nehmen und das Gefieder anheben, sodass die blanke Haut zum Vorschein kommt. Vor allem der Bereich um die Kloake ist besonders zu kontrollieren, weil sich Läuse hier bevorzugt aufhalten. Mit regelmäßiger Desinfektion des gesamten Stalles, ganz besonders der Ritzen, können Außenparasiten relativ gut unter Kontrolle gehalten werden. Sollte es dennoch zu einem Befall kommen, hat der Tierarzt passende Mittel zur schnellen Behandlung parat.
Fußräudemilben, die das Phänomen „Kalkbeine“ hervorrufen, können im Anfangsstadium mit Salat- oder Babyöl wirksam bekämpft werden. Dabei werden die Füße mit dem Öl mehrfach eingerieben, sodass die Milben darunter ersticken. Ist die Erkrankung weiter fortgeschritten, hilft auch hier nur der Gang zum Tierarzt.

Medikamente geben

Halten Sie sich strikt an die Anweisungen des Tierarztes und geben Sie die Medikamente wie empfohlen.

Vor jeder Medikamentengabe sollte der Tierarzt aufgesucht werden. Eigendiagnose und -behandlung zerstört mehr als es hilft.

Abgelaufene Medikamente darf man nicht mehr verabreichen. Sie müssen ordnungsgemäß entsorgt werden.

Eine Transportkiste, die man unterteilen kann, ist praktisch und findet immer wieder Verwendung.

Kokzidiose

Diese Krankheit wird durch einzellige Lebewesen hervorgerufen und tritt zumeist in überfüllten Ställen mit schlechter Lüftung und erhöhter Feuchtigkeit auf. Aber auch im Freien können sich die Zwerghühner infizieren, wenn sie mit der Nahrung Kot aufnehmen. Während in der trockenen Jahreszeit Kokzidiose kaum auftritt, ist bei starken Regenfällen, verbunden mit warmem Folgewetter eine erhöhte Anfälligkeit zu verzeichnen. Die Tiere zeigen Mattigkeit, struppiges Gefieder, meist Durchfall und eine verklebte Kloake. Kokzidiose ist heute sehr einfach mit einem Präparat vom Tierarzt über das Trinkwasser zu bekämpfen. Es empfiehlt sich, in regelmäßigen Abständen eine Kur gegen Kokzidiose durchzuführen.

Marek'sche Krankheit

Diese auch unter dem Begriff „Marek'sche Lähme" bekannte Viruserkrankung befällt vor allem Jungtiere kurz vor dem Beginn der Legetätigkeit. Dabei tritt eine Lähmung der Beine und/oder Flügel auf, die nach längerem Siechtum durch Futter- und Wassermangel zum Tod führt. Zur Vorbeugung ist es deshalb sinnvoll, Eintagsküken mit der Spritze gegen Marek zu impfen. Dabei wird der Impfstoff direkt in den Schenkel des Kükens injiziert und die Tiere besitzen dann lebenslangen Impfschutz. Zu erwähnen ist, dass bei manchen Rassen Marek'sche Krankheit kaum auftritt, während andere unbedingt geimpft werden sollten.

Vom Ei zum Küken

„Was war zuerst: Die Henne oder das Ei?" Diese philosophische Frage beschäftigt die Menschheit schon lange, ohne dass sie je eine Antwort darauf gefunden hätte. Trotzdem ist die Entwicklung des Kükens im Ei innerhalb von 21 Tagen ein immer wieder aufs Neue faszinierendes Phänomen.

Damit sich das Küken im Ei ideal entwickeln kann, müssen beim Brüten einige Bedingungen unbedingt erfüllt sein. Dazu gehören hauptsächlich die richtige, konstante Temperatur und Luftfeuchtigkeit sowie das regelmäßige Wenden der Eier. Bereits nach 16 Stunden Bebrütungsdauer kann man unter dem Mikroskop schon erste Ähnlichkeiten mit einem Hühnerembryo erkennen.
Am 3. Tag kann man dann bereits das Herz sehen, nach 62 Stunden beginnt die Bildung der Beine und nach 64 Stunden die der Flügel. Obwohl die Augenbildung bereits früher begonnen hat, kann man sie ab dem 4. Bebrütungstag als dunkle Flecken erkennen.
Am 8. Tag ist das Gehirn vom Schädel vollständig umschlossen und der Schnabel bildet sich aus. Flügel und Beine sieht man nun viel deutlicher. Ebenfalls beginnt die Federbildung. Die Ausdehnung des Eidotters ist am 10. Tag am größten und der Eizahn, der später für das Durchstoßen der Eischale verantwortlich ist, hat sich komplett ausgebildet. Parallel dazu härtet der Schnabel aus.

Eine erfolgreiche Begattung ist die Voraussetzung für Nachzucht.

Schlupf Phase 1

Mit den Eizahn zum Durchbruch

Die Drehung des Kopfes zur Luftblase hin kann man ab dem 14. Tag beim durchleuchteten Ei sehen. Die Federn des Kükens wachsen nun sehr schnell und die Daunen bedecken seinen

ganzen Körper. Schon am 15. Tag geht das Küken die Position über, in der es später die Eischale aufbrechen kann. Dazu nimmt es seinen Kopf unter den rechten Flügel.
Ab dem 16. Tag wird es richtig eng im Ei. Das Eiweiß ist fast vollständig aufgebraucht, der restliche Dotter ernährt noch das Küken.
Der 18. Tag ist der Zeitpunkt, an dem man die Eier üblicherweise von der Bruthorde in das Schlupfabteil des Brutapparates umlegt.
Das Küken im Ei ist nun nahezu vollständig entwickelt und schlüpfbereit.

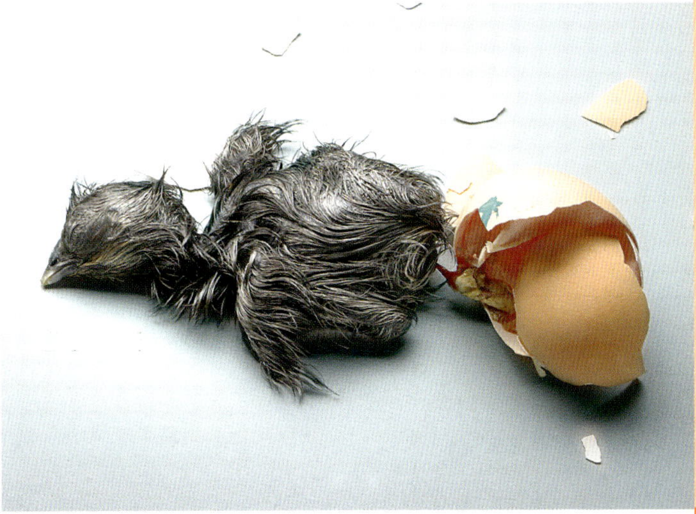

Geschafft: *Das noch nasse Küken braucht nun eine kleine Pause.*

Schlupf Phase 2

Stück für Stück ans Licht der Welt

Mit dem Durchstoßen der Lufthülle mit dem Eizahn (19. Tag) stellt das Küken auf Lungenatmung um. Die meisten Küken brechen die Eischale mit ihrem Eizahn schon am 20. Tag auf, brauchen aber dann bis zum 21. Tag, ehe sie ganz aus dem Ei heraus sind.
Die stabile Eierschale wird beim Schlupfvorgang nicht auf einmal gesprengt, sondern Stück für Stück durch den Eizahn die Hebelwirkung des Körpers erweitert, bis das Küken ganz frei ist.
Vor allem beim Schlupf ist auf eine ausreichende Feuchtigkeit der Luft zu achten, denn sie verhindert, dass die Eihaut austrocknet und an die Daunen des Kükens anklebt. Wäre dies der Fall, könnte das Küken nicht weiterschlüpfen.

Schlupf Phase 3

Endlich auf eigenen Beinen

Schließlich hat das Küken es geschafft, sich vollständig aus seiner Eischale zu befreien. Es muss sich einige Zeit erholen, denn der ganze Schlüpfvorgang ist kräftezehrend. Dann aber ist das Hühnchen bereit fürs Leben und pickt gleich nach dem ersten Futter.
Auch wenn es hart klingt, man sollte beim Schlupf des Kükens nicht eingreifen und so versuchen, dem Küken zu seinem Lebensrecht zu verhelfen. Meist geht dies schief und endet mit dem Tod des Kükens.
Hilft man zu früh, hat das Küken den Dottersack noch nicht restlos eingezogen und zieht sich sehr leicht eine Infektion zu. Hilft man zu spät, ist das Küken oft schon so geschwächt, dass es keine Überlebenschancen mehr besitzt.

Ein Blick in die Kinderstube

Eine Glucke mit ihren Küken gehört zu den absoluten Highlights jeder Zwerghuhnhaltung. Das fürsorgliche Miteinander von Mutter und Kindern sowie die zuweilen lustige Verständigung, die oft an menschliche Verhaltensweisen erinnert, entlockt uns immer wieder ein faszinierendes Staunen.

Die sogenannte Naturbrut, also das Ausbrüten der Eier unter der Glucke, der brütenden Zwerghenne, war lange Zeit die übliche Methode, um Nachzucht zu erhalten. Grundvoraussetzung dazu ist eine Zwerghuhnrasse, die noch selber brütet. Dies ist nicht mehr bei allen der Fall. Sichere Anzeichen, dass ein Hennchen zur Brut schreiten will, sind ein plötzlich sehr ruhiges Verhalten, ein leises, fast monotones Gackern, Glucksen genannt, eine fast nackte Bauchpartie und ständiges Aufhalten im Legenest. Üblicherweise schreitet eine Henne zur Brut, wenn sie eine bestimmte Anzahl Eier gelegt hat. Während sie brütet, legt sie nicht mehr. Wer nicht nur von einer Henne Küken erhalten will, kann einer Glucke auch die Eier anderer Hennen unterlegen. Auf jeden Fall sollte man darauf achten, dass sie nur so viele Eier zum Bebrüten erhält, wie sie mit ihrer Körpergröße bedecken kann.

1 ◂ **Gleich zu Beginn** der Brut sollten Sie die Glucke von den übrigen Hennchen trennen. Da die Glucke mehr oder weniger ständig auf den Eiern sitzt, genügt eine Fläche von etwa 70 x 70 Zentimeter als Brutplatz vollauf. Zweimal täglich wird die Glucke ihr Nest verlassen und dabei eine größere Menge Kot absetzen. Diesen sollte man möglichst gleich entfernen, weil die Henne, wenn sie hinein tritt, anschließend die Eier verschmutzen kann.

Bei der Fütterung der Glucke ist es besser, auf Legemehl völlig zu verzichten, denn sonst setzt die Legetätigkeit wieder ein und die Glucke verlässt die bereits bebrüteten Eier vorzeitig. Eine Körnermischung, geringe Mengen Quark und klein geschnittene Karotten sind eine ideale Ernährung für die Glucke. Trotz optimaler Ernährung wird die Henne während der Brutzeit deutlich abmagern, denn Brüten ist harte, Energie zehrende Arbeit. Ständig frisches Wasser ist dabei sehr wichtig und sollte deshalb regelmäßig erneuert werden.

2

3

Ungefähr am 20. Bruttag können Sie mit dem Schlüpfen der Küken rechnen. Während dieser Phase sollte man die Glucke unbedingt in Ruhe lassen.
Sind dann alle Küken geschlüpft, wird sich die Glucke mit ihrer Schar selbstständig auf den Weg machen, denn Hühnerküken sind sehr agile Nestflüchter.
Eier, aus denen keine Küken geschlüpft sind, sollten Sie spätestens am 23. Bruttag entfernen.

Nachwuchs

Küken gehören zu den niedlichsten Tierkindern überhaupt. Ihr wuscheliger Federflaum und die dunklen Knopfaugen entzücken jeden – ob jung oder alt. Wenigstens einmal solche Tierkinder zu besitzen, ist der Wunsch der meisten Zwerghuhnliebhaber.

Wer mit dem Gedanken spielt, von seinen Zwerghühnchen Nachwuchs zu erhalten, muss sich dies im Vorfeld sehr genau überlegen. Denn sehr schnell werden aus den süßen, kleinen Flaumknäueln nicht gerade hübsche Jungtiere mit aufplatzenden Federkielen. Man könnte fast den Eindruck haben, als kämen die Jungtiere in die Pubertät. Spätestens dann ist es Zeit, sich Gedanken zu machen, was mit den Jungtieren geschehen soll. Im Alter von fünf bis sechs Monaten können die Junghennen meist ohne größere Probleme der restlichen Hühnerschar zugeordnet werden, für die Junghähne gibt es diese Möglichkeit nicht. Es würde zu großen Rangeleien bis zu ausgeprägten Kämpfen kommen. Findet man andere Zwerghuhnhalter, die einen Junghahn wollen, kann man diesen Problemen aus dem Weg gehen. Trotzdem sollte man auch den Gedanken nicht verwerfen, solche Tiere schlachten zu lassen und in der Küche zu nutzen. Zwerghühner sind eben nicht nur nicht alltägliche Haustiere, sie werden wohl immer einen gewissen Nutztiercharakter besitzen.

Ein kleiner Brutapparat für den „Hausgebrauch".

Kunst- oder Naturbrut?

Zu Zeiten, als noch alle Zwerghuhnrassen zur Brut schritten, war es oberstes Ziel der Züchter, diese Brutlust wegzuzüchten. Man wollte damit eine deutliche Steigerung der Eierzahl pro Henne erreichen. Während

Kaum auf der Welt, schon im Zwiegespräch mit der Mutter.

dies bei vielen Rassen auch gelang, gibt es immer noch solche, die für ihre Brutlust und ihr fürsorgliches Führen der Küken bekannt sind. In vielen zoologischen Gärten sind Zwerghennchen bestimmter Rassen wie Zwerg-Seidenhühner, Chabo, Zwerg-Cochin oder auch Zwerg-Wyandotten Garanten für das sichere Ausbrüten seltener Fasanen- oder Entenarten. Wer eine Rasse besitzt, die noch brütet, kann es gerne einmal versuchen. Im Gegensatz zur Kunstbrut bestimmt die Glucke den Zeitpunkt des Brütens, der je nach Wetterlage üblicherweise auf Ende April Anfang Mai fällt. Auf jeden Fall ist die Naturbrut für den Besitzer mit sehr viel weniger Aufwand verbunden, als die Kunstbrut. Trotzdem hat sich in den meisten Fällen die Kunstbrut im Brutapparat durchgesetzt.

Die Brutmaschine

Für die Kunstbrut benötigt man einen Brutapparat. Für einen Einzelhalter lohnt sich die Anschaffung wohl kaum einmal. Viele örtliche Geflügel- oder Kleintierzuchtvereine besitzen in der Regel eine solche Brutmaschine, die bis zu mehreren Hundert Eiern unter idealen Temperatur- und Feuchtigkeitsverhältnissen gleichzeitig bebrütet. Dort kann man gegen einen geringen Beitrag seine Zwerghuhneier zu einem bestimmten Termin einlegen. Rechtzeitige Kontaktaufnahme mit den verantwortlichen Personen ist auf jeden Fall anzuraten.

SMART

Vorüberlegungen

- **Brütet** meine Rasse selber?
- **Wenn nein:** Woher bekomme ich einen Brutapparat oder wo kann ich die Eier bebrüten lassen?
- **Was mache** ich mit meinen Jungtieren?

Zwerghühner züchten

Haben Sie alle Vorüberlegungen abgeschlossen und sind zu dem Entschluss gekommen, Küken von Ihren Zwerghühnern nachzuzüchten, kommen weitere Schritte auf Sie zu.

Eierauswahl und -lagerung

Die Zwerghuhneier unterscheiden sich hinsichtlich der Größe und Form von Rasse zu Rasse und Henne zu Henne ganz erheblich. Für die Brut, und zwar sowohl für die Kunst- als auch für die Naturbrut sollte man nur Eier von normaler, rassetypischer Größe und gleichmäßiger Form verwenden. Weder sehr runde noch sehr längliche Eier eignen sich für die Brut.
Gibt man seine Zwerghuhneier in die Brutmaschine, kommt man nicht umhin, die Eier mehrerer Tage zu sammeln und dann auf einmal einzulegen. Bei guten Lagerbedingungen können Eier von etwa zehn bis 14 Tagen verwendet werden. Voraussetzungen dafür sind, dass die Eier bei Zimmertemperatur aufbewahrt und täglich ein- bis zweimal um die Längsachse langsam gedreht wurden. Dadurch wird verhindert, dass die Keimscheibe anklebt und sich deshalb kein Küken entwickeln kann. Die Fahrt zum Standort des Brutapparates, sofern man keinen eigenen besitzt, sollte möglichst erschütterungsfrei stattfinden.

Wichtig in den ersten Tagen

Anhand der Anordnung der Küken unter der Wärmequelle ist leicht zu erkennen, ob die Küken frieren oder ob ihnen zu heiß ist.

Haferflocken und Kükengrütze sind die ideale Ernährung während der ersten Lebenswoche.

Abgekühlter Kamillentee zum Trinken verhindert Durchfall in den ersten Tagen.

Wir erwarten Küken

Nach etwa 20 bis 21 Tagen schlüpfen die Zwerghuhnküken. Bevor man sie aus der Brutmaschine nimmt, sollte man einige Vorbereitungen treffen.
Für die ersten Tage hat sich ein stabiler Pappkarton bewährt. Der Boden darin wird mit gewaschenem, trockenen Sand und feinen Hobelspänen aufgefüllt. Da die Glucke als natürliche Wärmequelle fehlt, wird entweder ein Rotlichtstrahler in etwa 40 Zentimeter Höhe oder eine spezielle Wärmeplatte für Küken aufgestellt. Diese beiden Wärmequellen sollte man etwa vier Stunden vor dem Einsetzen der frisch geschlüpften Küken einschalten, damit sich genügend Umgebungswärme entwickeln kann.
Je nachdem, ob die Temperatur zu hoch oder zu niedrig ist, sammeln sich die Küken unter der Wärme. Schlüpfen sie mitten unter der Wärmequelle dicht

Küken wachsen schnell und brauchen dann bald mehr Platz.

aneinander, muss diese wärmer gestellt, oder tiefer gehängt werden. Stehen sie weit davon entfernt, ist die Temperatur zu hoch. Bis zur vierten Lebenswoche benötigen die Küken eine ständige Wärmequelle. Später kann man sie zeitweise abschalten, ehe man dann in der 7. bis 8. Woche völlig auf sie verzichten kann. Ab dann besitzen die Küken ein fast vollständiges Federkleid.

Kükenfütterung

Die frisch geschlüpften Küken, so bald sie abgetrocknet sind, beginnen eifrig mit dem Picken. Als erste Nahrung haben sich Haferflocken sowie Getreidegrütze bewährt, im Verhältnis 1 : 1. Nach zwei bis drei Tagen kann man klein geschnittene Eier und fein geschnittene Brennnesseln dazugeben. Das im Fachhandel angebotene Kükenalleinfutter in Mehl- oder Pellettform wird ab der ersten Lebenswoche in steigendem Anteil untergemischt.

Da die Küken noch über einen sehr empfindsamen Magen- und Darmtrakt verfügen, müssen Futterumstellungen bei ihnen besonders vorsichtig erfolgen. Aus diesem Grund hat es sich bewährt, den Küken in der ersten Lebenswoche kalten Kamillentee zum Trinken zu geben, ehe man sie auf klares Wasser umstellt.

SMART

Gesunde Küken

- **haben einen** sehr sauberen Flaum, vor allem im Bereich der Kloake.
- **haben klare Augen.** Kneift ein Küken seine Augen zusammen, hat es wahrscheinlich die Tränke noch nicht gefunden. Am besten tunkt man den Schnabel mehrmals in die Tränke, damit es sie wiederfindet.
- **machen einen** lebhaften Eindruck und bewegen sich aufmerksam.

Infoecke

Literatur

- **Bund Deutscher Rassegeflügelzüchter (Hrsg.):** Deutscher Rassegeflügel-Standard. Offenbach 1996.
- **Peitz, B. u. L.: Ratgeber Nutztiere: Hühner.** Verlag Eugen Ulmer, Stuttgart 2002.
- **Schmidt, H.: Handbuch Rasse- und Ziergeflügel. Hühner und Zwerghühner.** Verlag Eugen Ulmer, Stuttgart 1999.
- **Schmidt, H.: Taschenatlas. Hühner und Zwerghühner.** Verlag Eugen Ulmer, Stuttgart 2005.
- **Sperl, T.: Hühnerzucht für jedermann.** Verlagshaus Reutlingen, Oertel + Spörer, 1994.
- **Stach, G.: Geflügelställe und Ausläufe.** Oertel + Spörer Verlags-GmbH+Co., Reutlingen 2004.
- **Wandelt, R./Wolters, J.: Handbuch der Zwerghuhnrassen.** Die Zwerghuhnrassen der Welt. Verlag Wolters, Bottrop 1998.

Making Of

Der Autor Wilhelm Bauer ist passionierter Geflügelzüchter und Ausstellungsrichter.

Dank des Autors Für das Zustandekommen dieses Buches möchte ich mich beim Verleger, Herrn Roland Ulmer, herzlich bedanken. Darüber hinaus gilt mein besonderer Dank meiner Lektorin, Frau Dr. Eva-Maria Götz und der Fotografin Regina Kuhn.

Die Fotografin Regina Kuhn ist freischaffende Fotodesignerin und Autorin mit jahrelanger Erfahrung in der Tierfotografie.

Der Verlag und die Fotografin danken Roland Bärenklau, Beuernfeld; Dieter Buck, Wolfschlugen; Doreen, Heiko und Siegbert Diersch, Schwabhausen; Jörg Günther, Schnepfenthal; Manfred Hase, Günthersleben; Reinhard Heider, Schwabhausen; Wolfgang Klein, Unterellen; Gerhardt Kley, Sundhausen; Eckhard König, Schmalkalden; Dieter Kopp, Frickenhausen; Hubert Kretzler, Forst; Heini Liebetrau, Seebach; Klaus Möller, Förtha; Lydia Pfotenhauer, Beuernfeld; Herta und Siegfried Reiß, Thal; Thomas Schmidt, Güntersleben; Günter Schneider, Viernau; Martin und Torsten Seitz, Stockhausen; Fred Stengel, Asbach; Helmut Storch, Leina; Jule und Johanna Lehmann sowie Florian Günther.

Bildquellen

Wilhelm Bauer: Seite 8, 14 unten, 36, 41, 48, 54, 55 oben, 57, 65 oben Mitte, 65 unten
Eva-Maria Götz: Seite 31 oben
Regina Kuhn: Titelfoto und Innenteil Seite 3,4, 6, 7, 9, 11, 12 (4), 13 (4), 14 (3), 15 (4), 16, 17, 18, 19 (3), 20, 22, 23, 24, 25, 27, 28, 29, 31 unten, 32, 33, 34, 35, 37, 38, 39, 40, 42, 44, 46, 46, 49, 51, 52, 53, 55 unten, 56, 59, 64, 65 oben links, 65 oben rechts
Karl Schlüter: Seite 30

Zeitschriften

- **Geflügel-Börse**
Offizielles Organ des Bundes Deutscher Rassegeflügelzüchter. Verlag Jürgens KG, Postfach 1538, 82102 Germering.
Erscheint zweimal monatlich.

- **Der Kleintier-Züchter Geflügelzeitung**
Offizielles Organ des Bundes Deutscher Rassegeflügelzüchter. Hobby- und Kleintierzüchter, Wilhelmsaue 37, 10713 Berlin.
Erscheint zweimal monatlich.

Impressum

Bibliografische Information der Deutschen Nationalbibliothek
Die Deutsche Nationalbibliothek verzeichnet diese Publikation in der Deutschen Nationalbibliografie; detaillierte bibliografische Daten sind im Internet über http://dnb.d-nb.de abrufbar.

Wollgrasweg 41,
70599 Stuttgart
E-Mail: info@ulmer.de
Internet: www.ulmer.de

Lektorat: Dr. Eva-Maria Götz
Umschlag- und Innengestaltung: X-Design, München
DTP: juhu media, Susanne Dölz, Bad Vilbel
Druck und Bindung: Litotipografia-editrice Alcione, Trento
Printed in Italy

ISBN 978-3-8001-5154-7

Infoecke

Adressen

- **Verband der Zwerghuhnzüchtervereine.**
Groppeler Str. 35,
33442 Herzebrock-Clarholz.
Tel. 05245 1 82 83,
Fax. 05245 1 82 84
Internet: www.vzv.de oder www.zwerghuehner.de

- **Bund Deutscher Rassegeflügelzüchter.**
Bundesgeschäftsstelle: Erlenbruchstr. 20, Zuchtanlage Erlenbruch, 63071 Offenbach am Main.
Tel. 069 87 87 67 54.
Fax 069 85 70 94 86.
E-Mail: info@bdrg.de
Internet: www.bdrg.de

Haftung

Für Ihr Heimtier tragen Sie selbst die Verantwortung. Die in diesem Buch enthaltenen Empfehlungen und Angaben sind vom Autor mit großer Sorgfalt zusammengestellt und geprüft worden. Eine Garantie für die Richtigkeit der Angaben kann aber nicht gegeben werden. Der Autor und der Verlag übernehmen keinerlei Haftung für Schäden und Unfälle.

Register

SPEZIAL

Kluge Tipps für SMART-KIDS

Zubehör aus der eigenen Werkzeugkiste

Viel Zubehör für eure Zwerghuhnhaltung könnt ihr mit etwas Geschick selber basteln.

Die meisten Geflügelzuchtvereine haben eine Jugendgruppe, in der sich viele Zwerghuhnhalter und -züchter von sechs bis 17 Jahren regelmäßig treffen, um Erfahrungen auszutauschen. Sie kommen aber auch zusammen, um miteinander Zubehör für ihre Zwerghühner zu bauen. Das wäre doch was für dich!